新版

农产品电商
助农实战手册

◎ 史安静　王金英　廖晋楠　徐成斌　主编

中国农业科学技术出版社

图书在版编目（CIP）数据

农产品电商助农实战手册 / 史安静等主编 . --北京：中国农业科学技术出版社，2022.6（2024.12 重印）

ISBN 978-7-5116-5775-6

Ⅰ.①农… Ⅱ.①史… Ⅲ.①农产品-电子商务-手册 Ⅳ.①F724.72-62

中国版本图书馆 CIP 数据核字（2022）第 082773 号

责任编辑	白姗姗
责任校对	李向荣
责任印制	姜义伟　王思文
出 版 者	中国农业科学技术出版社
	北京市中关村南大街 12 号　邮编：100081
电　　话	（010）82106638（编辑室）　　（010）82109702（发行部）
	（010）82109709（读者服务部）
网　　址	http://www.castp.cn
经 销 者	各地新华书店
印 刷 者	北京中科印刷有限公司
开　　本	140 mm×203 mm　1/32
印　　张	5
字　　数	125 千字
版　　次	2022 年 6 月第 1 版　2024 年 12 月第 6 次印刷
定　　价	39.00 元

《农产品电商助农实战手册》

编委会

前　言

　　中国是农业大国，重农固本是安民之基、治国之要。把解决好"三农"问题作为全党工作的重中之重，是中国共产党执政兴国的重要经验。2022年中央一号文件《中共中央　国务院关于做好2022年全面推进乡村振兴重点工作的意见》中指出，推动经济社会平稳健康发展，必须着眼国家重大战略需要，稳住农业基本盘、做好"三农"工作，接续全面推进乡村振兴，确保农业稳产增产、农民稳步增收、农村稳定安宁。电子商务作为一种新的流通方式，改变了传统农业产业的供应链、价值链、信息链和组织链，在农村产业发展、产业融合和产业全面振兴等方面发挥了重要作用。农村电商作为电子商务的重要组成部分，在刺激农村消费、巩固脱贫攻坚、推动农业升级、促进农村发展中的作用日益凸显。乡村振兴，人才是关键。培养一批有文化、懂技术、善经营、会管理的高素质农民和农村实用人才、创新创业带头人，是全面推进乡村振兴的迫切需要；完善农村电子商务人才培养机制，组织开展形式多样的农村电商培训，培养一批农村电子商务专业人才，是提升电子商务进农村效果、推动"农村电商"高质量发展的关键所在，而农产品电商营销在"农村电商"版块中尤为重要。为适应这个时代的需求，我们编写了本书。全书共分六章，第一章，认准农产品电商营销趋势，包括了解农产品电商痛点和认准电商的发展趋势；第二章，选对农产品电商营销平台；第三章，做好农产品电商准备，从挖掘农产品卖点、为用户画像、制定价格、包装设计和构建团队做好5个方面的准备；第四章，开设农产品电商店铺，分为入住店铺、开店流程、店铺装修、商品管理、店铺运营五步；第五章，农产品短视频运营，分为主题策划、脚本创作、拍摄技巧、剪辑合成、变现方式；第六章，农产品直播带货流程，分为团队组建、活动策划、选品策略、场景搭建、话术应用、引流与推广、复盘总结七步。本书在每章的开头都有案例引导，内容中还设计了"想一想""练一练""议一议"等版块，供学员思考、讨论和练习，因此本书特别适合作为农民培训教材使用。

需要说明的是，本书借鉴了很多资料，在此深表感谢！在编写过程中也得到了山东省农业广播电视学校系统的专家、同仁的指导帮助，借此深表感谢！

因编写时间比较仓促，再加上编者能力有限，书中难免出现不妥之处，敬请读者指正。

让我们专心致志、团结协作，为农业稳产增产、农民稳步增收、农村稳定安宁加油助力！

编　者

2022 年 4 月

目　　录

第一章 认准农产品营销趋势

第一节 了解农产品电商痛点

农业是我国国民经济的基础，如果将国民经济比作一座大厦，农业就是基石，所以，农业的发展与创新，直接决定着国民经济的发展与进步。

随着互联网技术的发展以及移动终端技术的普及，电子商务成为越来越被人们所接受的销售与购买方式，于是，农产品电子商务也应运而生，农产品电商是指在互联网开放的网络环境下，买卖双方基于浏览器/服务器的应用方式进行农产品的商贸活动，它是互联网技术变革农产品流通渠道的产物，是一种新型的商业模式。

"互联网+农业"对我国的农业销售模式产生了深远的影响，电子商务销售一方面为农民提供了一个新的销售渠道，打破地域与时间的限制，可以提高销售量与销售额，从而实现增收；另一方面也为消费者提供了更多购买选择，提高了生活质量。但是，因为我国农产品电子商务技术起步较晚，普及度较低，在看到它发展迅速的一面时，也应看到它面临的问题。

一、农产品"量小分散"的格局短期内难以解决

农产品"规模小、分散生产、非标准化"等特点对农产品电商的快速发展存在一定制约。具体表现为：一方面，特色产业规模小，生产经营分散，难以适应现代农产品电商高质量发展的需求。大多数农业特色产业难以形成规模效应，生产成本高，标准化程度低，供应量不足，为网络提供持续有效支撑的难度较大。另一方面，农产品单位价值低，加工比例不高，产品附加值提升难以实现。大量农产品都以初级农产品的形态直接在网上销售，产品单位价值很低，而同质化"低价竞争"进一步压缩了盈利空间，还引发了"劣币驱逐良币"的现象，与此同时，大多数农户、合作社等新型经营主体尚不具备加工资质，网销加工农产品占比不高，制约了网销农产品增值，无法实现优质、优价。

二、电商农产品供应链体系有待提升

高效的供应链体系是农业电商尤其是农产品电商的关键支撑，农产品供应链上的生产、产地仓储、初深加工、包装、物流、配送等环节缺一不可，从目前发展情况来看，电商农产品供应链体系建设有待进一步提升。

一是各地农村离快递物流中心城市远，运输距离长，快递物流环节多，增加快递成本。同时，各地销往城市的多是初级农产品，利润低，导致物流成本占比高。

二是冷链物流配送及加工储存技术水平低，产品损耗率高。

三是电商第三方运营平台相关费用较高。不少企业和农民专业

合作社采取微商作为电商的主要销售形式，而较少使用一些家喻户晓的第三方电商平台，原因就是相对于免费的微商而言，这些电商平台收取的相关费用较高。

三、电商人才缺乏

各地在创建电子商务示范县过程中，开展了一定规模的电商人才培训。但是，当前农村电商行业人才总量不足，电商高端的技术、管理、营销、运营等人才缺乏仍是突出问题。普通农户电商意识较薄弱，且普遍不懂电商实操技能，宣传教育成本高。目前电商行业以"80后"和"90后"员工为主，人才流动性较大，流失快。有些龙头企业拥有自营的电商平台，但平台建成时间短，用户知之不多，销量不大，主要原因是公司缺乏懂网络开发技术的电商人才，平台建设起步较慢。

四、电商品牌化薄弱

1. 缺乏"三品一标"产品

从2021年开始，农业农村部启动实施农业生产"三品一标"（品种培优、品质提升、品牌打造和标准化生产）提升行动，更高层次、更深领域推进农业绿色发展。而对于农产品电商而言，农产品品牌的创建尤为重要。

我国农产品品牌发展滞后，农业发展内在支撑不足，农产品"有特色无品牌""地方特产多，地标品牌少"的现象比较普遍，现有的农业生产经营模式难以打造有影响力的农产品品牌。此外，不少特色农产品品牌建设意识薄弱，缺少现代营销手段，难以形成有效的品牌影响，市场竞争力弱，网络销售量难以提升，在消费升级的大趋势下，消费者对品牌的信誉度高，对优质农产品的需求不断上升，农产品品牌建设亟待加强。

2. 缺乏产品标识及标准

部分产品标识不够规范，缺乏源头标准，产品质量不稳定，无法持续获得线上的良好口碑，消费者缺乏购买信心，制约商家进一步做大市场。

【议一议】

1. 谈谈培养新一代农村电商人才应该采取哪些措施？
2. 农产品"量小分散"的格局如何破解？

第二节 认准电商的发展趋势

一、电商发展趋势

互联网是人类文明迄今为止所见证的发展最快、竞争最激烈、创新最活跃、参与最普遍、渗透最广泛、影响最深远的技术产业领域，纵观人类历史无其他可以比肩。

最新数据显示，截至 2021 年 1 月，全球手机用户数量为 52.2 亿人，互联网用户数量为 46.6 亿人，比 2020 年同期增加了 3.16 亿人，增长了 7.3%。智能手机是全球许多用户的主要互联网接入点。

互联网发展呈现以下新特点、新趋势。

1. 互联网的新趋势是图片社交和互动游戏

随着更快 Wi-Fi 和更好手机摄像头等技术的发展，人们更频繁地使用图像来进行交流。与过去的纯文本相比，目前超过 50% 更偏向于利用推文与图片、视频或其他媒介进行交流。

2. 如何监管社交媒体成为互联网的新难题

互联网将变得更像一个污水池，清除问题内容将变得更加困难，而互联网通信的本质使得这些内容更容易被放大传播。由此产生了一些问题，而社交媒体助长了两极分化。客观上人们更爱看到负面新闻，而社交媒体、图片视频及用户习惯算法导致不良内容更加迅速地传播。2021 年，全球有 42 亿社交媒体用户，在社交媒体上花费的时间为 3.7 万亿小时。大部分增长来自移动端和其他连接设备，花在电脑上的时间减少了。

3. 隐私的问题

随着隐私成为更大卖点，用户期待有更多的措施让在线通信更加安全，越来越多的软硬件公司正在积极推进用户隐私保护。

站在新的历史关口，互联网已成为全球经济增长的主要驱动力，中国互联网产业正处于新的历史拐点，人口红利逐步减弱，快速向海外与农村市场迁移，技术红利加速扩散，持续与实体经济深度融合，技术红利、海外/农村市场成为中国互联网新的着力方向。而从整体上看，乘势近些年移动互联网浪潮，中国互联网产业发展迅猛。截至 2021 年 12 月，中国网民规模达 10.32 亿人，其中，短视频对中国互联网流量和使用时长的增长功不可没。线上游戏正日益改变着中国的支付、电商、零售、教育及更多行业，通过游戏化和数字化为传统行业赋能的新模式正在重构人们的消费体验。以微信为代表的及时通信软件，通过小程序等形式大大促进了产品交易与服务的创新发展；电子商务的持续发展使得部分单一功能 App 进化为集多种功能于一身的超级 App，用户活跃度和交易频次得到进一步提升。

从线上到线下，再到全渠道的零售创新重构了消费者的购物体验，"新零售"赋予传统零售行业崭新的生机和活力。教育和政府服务向线上延伸，逐步实现线上线下一体化。

二、认识"互联网+"

"互联网+"是指在创新 2.0（信息时代、知识社会的创新形态）推动下由互联网发展的新业态，也是在知识社会创新 2.0 推动下由互联网形态演进、催生的经济社会发展新形态。

"互联网+"是互联网思维的进一步实践成果，推动经济形态不断地发生演变，从而带动社会经济实体的生命力，为改革、创新、发展提供广阔的网络平台。通俗地说，"互联网+"就是"互联网+各个传统行业"，但这并不是简单的两者相加，而是利用信息通信技术及互联网平台，让互联网与传统行业进行深度融合，创造新的发展生态。

三、不可不知的九大互联网思维

互联网行业发展至今已有几十年的历史，2008 年前后就提到"互联网思维"这个概念，那究竟什么是互联网思维呢？

2010 年，时任阿里巴巴集团董事局主席马云在 2010 中国（深圳）工厂领袖峰会上做了主题发言，他指出，互联网不仅仅是一种技术，不仅仅是一种产业，更是一种思想，是一种价值观。互联网将是创造明天的外在动力。创造明天最重要的是改变思想，通过改变思想创造明天。

互联网思维从整体上可以划分为 9 种思维方式：用户思维、简约思维、极致思维、迭代思维、流量思维、社会化思维、大数据思维、平台思维、跨界思维。

1. 用户思维

用户思维是互联网思维的核心。其他思维都是围绕用户思维在不同层面的展开。用户思维是指在各个环节中都要"以用户为中心"去思考问题。

2. 简约思维

简约思维是指在品牌定位和产品规划中，要力求专注和简单。而对于产品设计，则力求简洁和简约，意味着人性化。

"专注，少即是多。"越专注，越专业！尤其对于小创业者来讲，在创业时期，做不到专注，就不可能生存下去。它是人类的惰性与快餐文化环境下的共同需求。

3. 极致思维

极致就是把产品和服务做到最好，超越用户期望。只有极致思维，才有极致产品。打造让用户尖叫的产品，服务即营销。极致思维要求我们找准用户的痛点、抓住用户的痒点、击中用户的兴奋点。

4. 迭代思维

迭代思维体现在两个层面，一个是"微"，小处着眼，微创新，众多的"微创新"可以引起质变，形成变革式的创新；另一个是"快"，天下武功，唯快不破。快速迭代，是针对用户的建议以最快的速度进行调整，融合到新的版本中。对于互联网时代而言，速度比质量重要，用户需求快速变化，因此不追求一次性满足用户的需求而是通过一次次的迭代让产品功能更加丰满。企业需要一种迭代意识，及时乃至实时地把握用户需求。

5. 流量思维

流量意味着体量，体量意味着分量。"目光聚集之处，金钱必将追随"，流量即金钱，流量即入口，流量的价值不言而喻。

互联网产品大多用免费策略极力争取用户、锁定用户。当年的360 安全卫士，用免费杀毒入侵杀毒市场，产生了不小的影响。"免费是最昂贵的"，不是所有的企业都能选择免费策略，因产品、资源、时机而定。

任何一个互联网产品，只要用户活跃数量达到一定程度，就会开始产生质变，从而带来商机或价值。注意力经济时代，先把流量做上去，才有机会思考后面的问题，否则连生存的机会都没有。

6. 社会化思维

社会化商业的核心是网，公司面对的用户以网的形式存在，这将改变企业生产、销售、营销等整个形态。利用好社会化媒体，可以重塑企业和用户之间的沟通关系。利用好社会化网络，可以重塑组织管理和商业运作模式。

社会化媒体的重要特征是人基于价值观、兴趣和社会关系链接在一起。社会化媒体的本质就是"人人都是自媒体"。例如有一个做智能手表的品牌，通过 10 条微信，引发近 100 个微信群讨论，3 000 多人转发，11 小时预订售出 18 698 只智能手表，订单金额达900 多万元。

7. 大数据思维

大数据思维是指对大数据的认识，对企业资产、关键竞争要素的理解。在互联网和大数据时代，企业的营销策略应该针对个性化用户做精准营销。大数据的价值不在于大，而在于挖掘和预测的能力。大数据思维的核心是理解数据的价值，通过数据处理创造商业价值。

在大数据时代，数据已经成为企业的重要资产，甚至是核心资产，数据及数据专业处理能力将成为企业的核心竞争力。而当数据成为资产时，IT 部门将从"成本中心"转向"利润中心"。

8. 平台思维

互联网的平台思维就是开放、共享、共赢的思维。平台模式最有可能成就产业巨头。全球最大的 100 家企业里，有 60 家企业的主要收入来自平台商业模式，包括苹果、谷歌等。

平台模式的精髓，在于打造一个多主体共赢互利的生态圈。将来的平台之争，一定是生态圈之间的竞争。百度、阿里巴巴、腾讯三大互联网巨头围绕搜索、电商、社交各自构筑了强大的产业生态。当你不具备构建生态型平台实力的时候，那就要思考怎样利用现有的平台。

互联网巨头的组织变革，都围绕着如何打造内部"平台型组织"。包括阿里巴巴 25 个事业部的分拆、腾讯六大事业群的调整，都旨在发挥内部组织的平台化作用。海尔将 8 万多人分为 2 000 个自主经营体，让员工成为真正的"创业者"，让每个人成为自己的CEO（首席执行官）。内部平台化就是要变成自组织而不是他组织。他组织永远听命于别人，自组织是自己来创新。

9. 跨界思维

随着互联网和新科技的发展，很多产业的边界变得模糊，互联网企业的触角已无孔不入，如零售、图书、金融、电信、娱乐、交通、媒体等。拥有用户的企业才能够参与乃至赢得跨界竞争。

这样的企业一方面掌握用户数据，另一方面具备用户思维，自然能够携"用户"以令"诸侯"。阿里巴巴、腾讯相继申办银行，小米做手机、做电视，都是这样的道理。

今天看一个产业有没有潜力，就看它离互联网有多远。能够真正用互联网思维重构的企业，才可能真正赢得未来。美图秀秀董事长蔡文胜表示，未来属于那些传统产业里懂互联网的人，而不是那些懂互联网但不懂传统产业的人。在"互联网+"时代下，我们都要把握新常态、打造新业态、进入新状态。

 【想一想】

1. 农产品电商营销分几步走？有何启示？
2. 互联网思维是什么？如何树立互联网思维？

第二章 选对农产品电商平台

随着互联网的发展，企业都在打造属于自己的新媒体平台，似乎不做新媒体平台的企业就已经跟不上时代的步伐。从门户网站到头条，从 QQ 到微信，从搜索到知识问答，从视频到抖音，新媒体平台也随着互联网的快速发展，更新了一代又一代。现在，常说的新媒体平台，可归纳为六大类，分别是：网络直播类平台、短视频类平台、音频类平台、社交类平台、自媒体类平台、问答类平台。以下着重介绍网络直播平台。

第一节 网络直播类

"网络直播"大致分两类：一类是在网上提供电视信号的观看，例如各类体育比赛和文艺活动的直播，这类直播原理是将电视（模拟）信号通过采集，转换为数字信号输入电脑，实时上传网站供人观看，相当于"网络电视"；另一类是人们所了解的"网络直播"，在现场架设独立的信号采集设备（音频+视频）导入导播端（导播设备或平台），再通过网络上传至服务器，发布至网址供人观看，如电商直播。

一、网络直播的类型

1. 娱乐类

随着人们生活水平不断提高，人们越来越注重生活质量，直播也从最早的主播卖萌撒娇的秀场转为现在展示偏向生活的旅游出行、逛街、做饭等的平台，都以优质的内容、极致的互动体验，深受人们的欢迎。所以娱乐直播是人们最喜欢的直播类型之一，娱乐直播的市场前景也是十分广阔的。

目前娱乐类的直播平台主要有花椒直播（图2-1）、斗鱼直播、六间房、YY 直播等。

图 2-1　花椒直播

2. 购物类

各类网络达人在"电商+直播"平台上和粉丝进行互动社交，以达到出售商品的目的。这类直播平台的盈利方式以商品销售为主，增值服务（虚拟道具购买）为辅，吸粉方式主要是网络达人入驻和明星入驻。

目前购物类的直播平台主要有淘宝、京东、聚美优品、唯品会（图2-2）等。

图 2-2　唯品会

3. 游戏类

游戏行业一直是巨头们青睐的对象，特别是电竞在全球的发展带来了大量的资本涌入。阿里体育斥资 1 亿元举办电竞比赛；腾讯100%持股虎牙，推动虎牙和斗鱼的合并。可见，电竞游戏类直播是巨头们争夺的焦点。

目前游戏类的直播平台主要有斗鱼 TV、虎牙直播、战旗 TV、龙珠直播、火猫直播（图 2-3）等平台。

图 2-3　火猫直播

4. 体育类

这类平台除体育明星直播外，体育赛事直播也是主要内容之一，并受到大众的欢迎和认可。市场主要特点是版权竞争激烈和产品创新突出。

目前体育类的直播平台主要有懂球帝（图 2-4）、章鱼 TV、企鹅直播等。

图 2-4　懂球帝

5. 专业领域类

专业领域类直播平台与其他直播平台有很大不同，这类平台针对的用户人群是有信息知识获取需求的用户。这类直播通过演讲、辩论等表现力十足的方式呈现在大众面前，可以将人们的注意力从原本枯燥的文字转移到口语表述上，因此这类直播平台非常具有发展潜力。当然，专业领域类直播平台的专业门槛较高，因此对主播的要求很高，也更加关注主播的解说内容。这类平台的盈利方式为付费收看，服务收费，媒体、企业、商业推广等；吸粉方式主要是引进专业领域内的领袖入驻，为用户提供专业信息知识和技术服务。

目前专业领域类的直播产品主要有疯牛、知牛直播等。

二、网络直播的特点

1. 实时性和真实性

区别于图文时代，所见即所得，网络直播具有实时、真实的直播场景。

2. 表现形式和内容丰富

室内、户外，各种场景的快速搭建，保证了直播的表现形式多样化，同时与生活中方方面面的内容主题相关联，如美妆、美食、科技、健身、旅行等，满足了不同兴趣爱好的受众需求。

3. 主播媒体化、明星化

网络直播平台是仅次于电视节目的高度媒体化的大众传播平台。除素人网络主播外，目前，大量明星艺人加入互联网直播，与粉丝进行零距离地互动。互联网直播的明星化特点愈发明显。

4. 双向互动性强

相对于传统媒体来说，网络直播更加注重传播过程的双向互动。网络直播为受众提供了一个虚拟的平台，让他们更自如地与主播互动，与粉丝互动。如弹幕的实时互动，让受众觉得和主播同时在现场，直播更加真实、生动。

5. 去中心化和碎片化

网络直播的受众不像电视受众一样会固定收看某一个网络直播，同时任何（满足年龄的限制）人都可以在遵守相关法律法规的前提下直播，都可以成为内容的生产者。

6. 平台竞争大

大量的直播平台涌现，国内网络直播平台已经超过 300 家，用户规模达到 3.44 亿，直播呈现井喷之势，市场竞争呈白热化状态，从网红争夺到明星争夺再到娱乐节目争夺，各平台都有不进则退的压力。由于直播内容不用提前进行审批，具有实时性，导致平台监管难度加大。因此出现问题时，只能终止直播或者事后对直播平台和主播进行追惩。

第二节　直播类平台运营技巧

一、明确直播的目的

直播是内容的一个风口，在当前数字化生活的背景下，越来越多的企业商家都选择将直播作为沟通市场的一个重要渠道，希望通过直播达成以下目的。

1. 产品销售直播

通过网络直播带货，最为广泛。

2. 品牌宣传直播

如新产品发布会直播、庆功会直播等。

3. 网红代言直播

通过网红主播在直播中吸引用户。

4. 客服沟通直播

让企业和用户之间能够"面对面"地及时交流沟通。

5. 娱乐活动直播

可借势节日或者社会热点，发起线下活动，融合线上直播，让用户与品牌"玩"在一起。

6. 线下互动+线上直播整合传播

一场好的传播活动，需要充分发挥各个媒体渠道的优势，用好线上线下传播资源。

二、人、货、场配合

一场好的传播战役，需充分发挥各个媒体渠道的优势，综合运用线上线下传播资源。

据艾媒咨询公司数据显示，2021 年我国直播电商市场规模达 12 012亿元，2022 年中国直播电商市场规模将进一步上升至 15 073亿元。直播无疑是网上最热的新媒体，在新的流量红利刺激下，要打造一场关注度高、转化效果好的直播，必须重视对直播各环节的细节把控，一定需要人、货、场 3 个方面配合（图 2-5），尽可能保证直播当天万无一失。

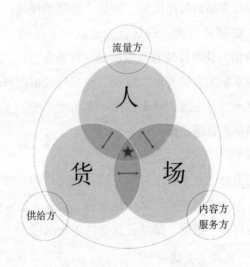

图 2-5　人、货、场三方面配合

（一）人，主播的选定

主播是核心，主播、粉丝、运营团队密不可分。任何一场大卖的直播，都离不开主播对于产品的了解及表达能力、控场能力，甚至必要的表演能力。直播前、中、后运营团队的配合与辅助，也是直播能够顺利的至关重要因素。粉丝的忠诚度、购买力、数量则和最后的成交额息息相关。

1. 主播的业务能力

主播的业务能力有很多方面，如主播的行业业内知名度、直播态度和直播技巧等。

2. 主播与直播内容的匹配度

主播的粉丝画像、主播形象、专业度、主播的直播间氛围、主播的口碑等需与直播内容相匹配。例如，提到李佳琦，观众就会想起口红美妆；提到张大仙，观众就会想起王者荣耀。如果是"三农"领域的店铺，让李佳琦直播农产品，就算有粉丝，但是大多可能不会愿意为本场的直播买单。所以，商家可以根据产品人群和价格来有针对性地选择主播，从多方面、多角度出发，选择真正能够给自己带来销量的合适主播。

3. 培养主播

如果小商家自己在平台上开播，建议自己培养主播，或者是自己亲自上场。因为自己培养，掌控性更强，沟通也更方便。一些淘宝、拼多多的商家、店铺，都是让自己的店员出镜。

（二）货，选品是关键

不同的直播类型，有不同的货。游戏类直播，货就是主播玩的游戏；秀场类直播，货就是主播的才艺；电商直播，货就是产品。

从货的角度看，当前直播已经呈现出了百花齐放的局面，特别在新冠肺炎疫情的催生下，甚至"车""房"等"大件"也在做线上直播销售（引流为主，成交为辅）。虽然万物皆可播，但并不是所有货物皆可卖出效率。所以，货是整个交易中的关键，尤其是电商类直播，价格更优惠的商品、品质更好的商品、限量发售的商品，以及优质的售后服务，都可以影响直播的最终效果。

1. 产品的品质

品质是一切的根本。品质如果不好，哪怕主播卖力全部售出，等待的也只是无穷无尽的退货，所以尽量选择大品牌专柜产品。如果初次合作并不熟悉的产品，则一定要提前验货。

2. 有竞争力的价格

直播带货的货基本都遵循低价的原则，无论是快手、抖音、淘宝、拼多多，还是腾讯直播，爆款的产品永远都是低价产品，而观众们之所以会喜欢在直播中购买也是因为价格优惠。像李佳琦，他在直播间售卖的产品几乎都是全网最低价，也因此吸引了很多观众前来购买。当然，这里的便宜，不是质量只选最低价的，而是在质量相同的前提下，可以拿到最优的价格。

3. 把握当下的需求点

把握卖货的需求点和新媒体追热点是一样的道理。专业的主播们在选品前，首先会调研粉丝们的需求方向，因为他们明白自己卖货的对象是谁；其次是根据当下情景来进行选品，如在夏天，保养上需要防晒、补水、降暑产品，衣着上需要短袖、短裤、防晒服等产品。所以销售季节性、阶段性产品的电商直播把握好这个需求点，就可以在直播时掌握先机。

4. 与主播的匹配度

在直播运营中，还需要考虑商品与主播之间的匹配度。主播的资源、人设都直接影响成交转化率。例如李佳琦的团队给他接的产品，大部分和美妆相关。另外，主播对产品是否熟悉，是否有自己的认知和理解，主播能否简单明了地将商品的卖点在短时间内有效、清晰地展示给顾客，让消费者产生需求进而消费，乃至传播该商品信息。

5. 选择高复购率的产品

直播带货不是割韭菜，如果想要保证自己的直播间能够持续、健康发展，必须要选择高复购率的产品。目前拓展新用户的成本是非常高的，甚至已经超过了维护老用户的成本，因此许多电商商家都开始营造自己的私域流量池，而他们通常的做法就是邀请买家加入他们的福利群或者买家群。

（三）场，平台与现场

1. 合适的直播平台

随着直播的火爆，直播带货的平台也多了起来，目前的直播平台主要以淘宝、抖音、快手、微信为主。它们的生态较为稳定，但生态构成却都不一样（表2-1）。所以选择平台的时候要考虑自身的产品类目、定位与平台调性、用户、流量推荐、内容制作是否匹配。

表2-1　2020年3月直播平台活动用户与调性（数据来源：TrustData）

层级	直播平台	月活（MAU）	平台调性
第一梯队	淘宝	69 918万	商家，主播带货直播
	抖音	46 918万	网红主播娱乐、带货
	快手	26 853万	网红主播娱乐、带货

（续表）

层级	直播平台	月活（MAU）	平台调性
第二梯队	微博	28 860 万	微博 KOL、网红主播娱乐
	拼多多	25 216 万	商家店铺直播带货
	西瓜视频	14 045 万	达人直播带货
	京东	8 781 万	商家店铺，联合明星 KOL 带货
	小红书	5 354 万	分领域 KOL、明星直播带货
	哔哩哔哩	4 491 万	UP 主带货
第三梯队	虎牙直播	3 316 万	游戏直播互动为主
	花椒直播	2 929 万	重生活内容直播分享
	斗鱼直播	2 666 万	全民游戏直播平台
	YY	2 372 万	游戏直播互动为主
	苏宁易购	945 万	商家店铺直播带货
	蘑菇街	243 万	女性电商、买手直播带货

2. 选择合适的直播现场

虽然只要有场地就可以进行直播，但一个直播现场对于粉丝的留存非常重要。这里的现场分为室内和室外，室内就是常说的直播间，室外就是产品的实地场景，选择场地时应注意以下两点。

（1）要贴合直播内容。直播场景的搭建，就像一个人的外貌，是通过整体设计风格、布景、灯光、高清设备等来体现的。尤其是销售一些原产地商品的时候，场地选择非常重要。如阳澄湖大闸蟹、清远走地鸡都是全国有名的美食，消费者在购买的时候，并不担心商品的口味如何，而是担心能否买到正宗原产地的商品。如果主播把直播现场搬到贵州三都县，现场直播当地水晶葡萄的采摘、挑选、装箱、打包、发货的过程，对于销量的提升能够起到巨大的促进作用。

（2）要经常变换场地。主播长期在直播间直播，对于粉丝来说，肯定存在着一定的审美疲劳。但如果主播通过直播镜头变换场地，带大家逛产品原产地，踩点品牌的线下门店等，加上自身很强的带货能力，那么就能带来成倍增长的交易额。

三、主流直播选择

（一）淘宝直播

淘宝是强电商属性，具有丰富的商品品类，可以将自身流量和外部平台流量作为流量分发的基数，且用户分布多以一二线城市为主，四五线下沉市场也有覆盖。

淘宝通过建立直播入口，可以直接将货、人聚集在一个场景中，对于品牌而言，是理想的线上销售场景。

但是强电商属性，也意味着在该平台进行直播的品类十分丰富，这对于小众品牌商家来说并不具备优势，流量较为集中于"头部商家"和主播。在淘宝直播中，内容制作和主播选择是提升流量的关键因素。

（二）抖音直播

抖音以都市青年为主，主攻一二线城市。不过，抖音直播带货相对弱一些，但罗永浩带火了抖音直播，引起众多品牌的关注，抖音肯定会加速推动直播业务形态的打磨和沉淀。

另外，抖音属于头条系，抖音直播流量推荐方式和头条类似，是重算法轻粉丝的逻辑，会依据用户偏好和浏览习惯将内容和用户进行匹配，通过算法进行精准推荐。

在抖音开启直播的品牌，将会面临如何吸引流量的难题，前期的直播宣传、暴光和选题等都至关重要。

（三）快手直播

快手以下沉市场为主，弱运营管控，基于社交和用户兴趣进行内容推荐，主推关注页、推荐内容，同时加深主播和粉丝之间的关系和黏性。

快手主播有较强的粉丝积累，也就是有快手标签的"老铁关系"。对品牌而言，如果选择快手作为直播阵地，前提需要有一个足够扎根的"老铁"。

对于品牌而言，快手和抖音都是一个新的电商营销场景，流量争夺竞争还属于早期阶段，有挖掘探索的空间。但前提是需要和电商商铺打通，实现后链路链接。如果品牌单纯想做暴光、种草的话也是可以的，将流量引到线上自有店铺，不过在跨平台引流过程中肯定会有用户流失。

【练一练】

注册抖音账号，请根据下图提供的农特产品（图2-6），发布一场直播，并填写学习任务评价表（表2-2）。

图 2-6　小粒花生

表 2-2　学习任务评价

序号	评价内容	评分	评分说明
1	完成账号的注册，信息完善（5分）		
2	简单的产品卖点直播介绍，限时 10 分钟（5分）		
	总　　评		

第三章　做好农产品电商准备

凡事"预则立，不预则废"。要做好农产品电商营销首先需要做好一系列的准备。也就是说，农产品电商营销，需要从选好产品，找准卖点，定好价格，组织好团队开始。

第一节　挖掘卖点

在大数据时代，互联网上任一可存在发展的事物都由用户主导，如何挖掘数据、应用数据，用数据导向分析用户需求，挖掘商品卖点才是精准化营销的制胜法则。

电商市场数据指标包括行业数据与竞争数据。电商市场数据分析包括市场容量分析、目标用户分析与竞争情况分析。

一、电商市场数据指标

1. 行业数据

企业在整个市场发展的相关数据，包括行业总销售额、行业增长率等行业发展数据，需求量变化、品牌偏好等市场需求数据，地域分布、职业等目标用户数据。

2. 竞争数据

竞争数据指能够揭示企业在行业中竞争力情况的数据，包括竞争对手的销售额、客单价等交易数据，活动形式、活动周期等营销活动数据，畅销商品、商品评价等商品运营数据。

二、电商市场数据分析

1. 市场容量分析

市场容量即市场规模，其目的主要是研究目标行业的整体规模，是指目标行业在指定时间内的销售额。通过市场容量分析，一方面可了解选定行业的前景，另一方面有利于电商企业制订销售计划和目标。

2. 目标用户分析

目标用户，是指需要电商企业的产品或服务，并且有贩卖能力的用户，是企业提供产品、服务的对象。目标用户是电商企业营销及销售的前端，确定了目标用户的属性，才能进一步展开具有针对性的营销举措。

目标用户分析维度包括地域与年龄分析、消费层级分析、性别分析、访问时间分析与偏好分析。

3. 竞争情况分析

竞争情况分析包含竞争对手分析、竞店分析与竞品分析。

（1）竞争对手分析。竞争对手是指对电商企业发展可能造成威胁的任何企业，具体是指生产销售同类商品或替代品，提供同类服务或替代服务的相关企业。对竞争对手进行识别分析，是制订企业发展战略、应对市场竞争的关键任务。

电商企业在识别竞争对手时，可通过以下 3 种方法展开。

①通过关键词固定竞争对手。根据自身所在的电商平台，搜索经营品类相似的卖家，更具体的还可以根据店铺宝贝的属性进一步精确圈定竞争对手。

②通过销量圈定竞争对手。根据自身商品的平均销量圈定与客单价和销量相近的卖家作为竞争对手。

③通过推广活动圈定竞争对手。根据自身店铺参与的平台线上活动或开展的促销活动，圈定参与同类型推广活动且销售品类相近的卖家为竞争对手。

（2）竞店分析。所谓竞店分析即选择和自身网店层级相近或比自身网店层级稍高，通过努力在短时间内可以追赶上的店铺进行分析。需要注意的是，比自身层级高许多的网店，准确来说不是竞争对手，而应是学习的标杆。常用的手段有人工采集、生意参谋或店侦探等。

（3）竞品分析。竞品分析包括对竞品的基本信息分析、推广活动分析与销售分析。竞品分析同样可以借助店侦探监控工具，添加竞品所在的竞店，在其监控中心添加重点监控宝贝。

三、电商市场数据分析的价格

有利于电商企业及时发现新的市场机会，预测市场行情，及时有效地调整市场或品牌战略，开拓潜在市场。

提高信息对称性，可为电商企业的经营决策提供参考，让决策的信息更充分，提高经营管理决策的科学性、有效性。

帮助电商企业发现经营中存在的问题并找出解决的办法，探查问题出现的原因，找到解决问题的方法。

内外数据整合，提升市场竞争力。价格分析、用户满意度分析，作为企业调整战略目标的参考依据，以便电商企业及时抓住市场机会，提升市场竞争力。

四、农产品卖点挖掘

进行农产品电商市场分析之后，接下来的工作就是做相关农产品的卖点挖掘。农产品的卖点挖掘有其特殊性，可以通过农产品生产的地域优势、文化优势、品牌优势，结合目标消费群体需求挖掘农产品的卖点。

第二节　为用户画像

一、用户画像相关知识

1. 用户画像的概念

用户画像是指商家用一个或多个维度对用户特征进行描述的过程。

2. 用户画像的目的

电商企业需要采集更多的画像素材，把用户相关信息更加清晰地勾画出来，尽量让用户画像更加形象地展现在我们眼前，这样做有以下两个目的。

（1）明确用户的基本特征，了解用户的消费行为特征，洞察用户，让营销更精准。

（2）为给用户贴上标签做准备，因为用户画像是给用户贴上标签的前提。

二、用户画像要求

1. 明确营销需求

对电商企业而言，在整个数据化营销过程中，需要解决四大核心问题：流量、转化、客单价和复购率。

（1）流量问题，即解决"如何让客人来"的问题。

（2）转化问题，即解决"如何让客人买"的问题。

（3）客单价问题，即解决"如何让客人多买"的问题。

（4）复购率问题，即解决"如何让客人再买"的问题。

2. 确定用户画像维度和度量指标

商家要想比较全面而精确地了解用户，同样需要从两个或两个以上维度进行度量和描述，这样用户画像才会立体而饱满，对精准营销才具有应用价值。

RFM 模型是衡量用户价值的重要工具和方法，RFM 模型主要由 3 个基础指标组成：最近一次消费（Recency），是指用户上一次购买时间；消费频率（Frequency），是指用户在一定时间段内的消费次数；消费金额（Money），是指用户在一定时间段内累计消费的金额。

（1）用户画像（图 3-1）的常用维度。购买时间（R）、购买次数（F）、购买金额（M）、地域、性别（男、女、不明）、年龄（18 岁以下、18~24 岁、25~29 岁、30~34 岁、35~39 岁、40~49 岁、50~59 岁、其他）、平台（手机平台和 PC 端台式电脑、笔记本电脑平台）等。

（2）用户画像和营销分析。

RFM：R 就是用户最后一次购买到现在的时间，F 就是用户购买的次数，M 就是用户购买的金额。

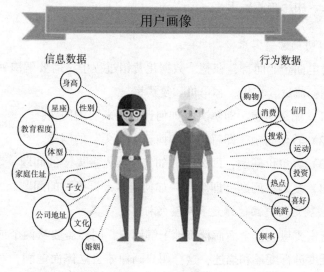

图 3-1　用户画像

根据用户购买时间 R 这个维度, 将用户分为以下 4 种。

①活跃用户, R≤90 天。

②沉睡用户, 90 天<R≤180 天。

③预流失用户, 180 天<R≤360 天。

④流失用户, R>360 天。

根据用户购买次数 F 这个维度, 将用户分为以下 4 种。

①新进用户=1 次。

②回头用户=2 次。

③忠实用户=3 次。

④粉丝用户≥4 次。

使用 F 维度描述用户有一个非常明显的规律, 用户购买次数越多，回头率越高。

第三节　定价策略

一、农产品生命周期

农产品生命周期是指一个产品在市场上出现、发展到最后被淘汰的过程。一般来讲，农产品生命周期分为投入期、成长期、成熟期和衰退期（图 3-2）。

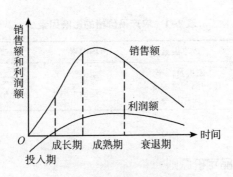

图 3-2　农产品生命周期图线

二、农产品价格定位的主要影响因素

从经济学角度出发，商品价格的本质是商品价值的货币。我们可以从 3 个方面来理解价格。

价值决定价格，是价格的基础。

价格受货币价值的影响，价格与价值成正比，与货币价值成反比（人民币增值，相当于商品价格相对下调）。

价格反映人与人之间的经济关系，价格变动会导致买卖双方经济利益的调整。

1. 农产品价格构成

价格的一般构成包括生产成本、流通费用、税金与利润。

价格=生产成本+流通费用+税金+利润

2. 主要影响因素

农产品价格的定位受定价目标、成本因素、市场因素与政府因素的影响（表3-1）。

表3-1　农产品价格的影响因素

定价目标	成本因素	市场因素	政府因素
维持生存 市场占有率	关税及汇率 中间商和运输成本 生产成本	需求 竞争	规定价格上下限 以补贴干预产品定价

三、农产品定价原则

互联网给农业带来了3个变化：品牌透明化、渠道透明化、价格透明化。在"互联网+"的背景下，获取信息的成本大大降低，过去由于买卖双方信息不对称造成的价格乱象将彻底终结，价格趋于透明化，在这种模式下，农产品的定价原则也要发生相应的改变。

1. 以需求为导向原则

通常传统企业用得最多的定价策略就是成本定价法，因为它简单易用，但在互联网时代这种定价策略越来越不合时宜，必须从成本导向转变为需求导向。

需求导向定价法以消费者对产品价值的理解和需求强度为依据。互联网时代，信息的获取越来越便捷，消费者通过网络可以接触到海量的产品信息，并且可替代的选择越来越多，买卖双方的地位正在发生逆转，买方的话语权和议价能力逐渐增强。在这种情况下，产品的定价必须从成本导向转向需求导向，要以顾客为主导，以顾客的心理价位为依据。这种定价方式首先考虑的是市场的需求和顾客的心理认知，而不是先考虑自身的生产成本。价格体系的制订也是倒推的，即先制订终端零售价格，再沿着渠道供应链逆向设计价格体系。

2. 低价原则

互联网提高了信息传输的速度，降低了信息获取的成本，因此使得所有触网的产品需求弹性变大，这意味着在互联网竞争环境下，产品的定价空间降低了。

这也是由消费者对互联网的传统认知决定的，互联网使用者的主流观念是网上的信息是免费的，产品也必须是便宜的。受淘宝的影响，截至目前，大多数上网购物的消费者仍然是冲着低价去的。因此，农产品的定价必须遵循低价原则，当然这种低价并非只有价格一个衡量标准，与品质也是相对应的，如高质中价也算是低价。

3. 统一原则

统一原则是指同一产品在线上、线下、不同的地域提供一样的价格和服务。农产品的全渠道模式一定切忌两条腿走路，同质不同价，这样很容易导致渠道冲突。农产品定价既要考虑消费者的需求，也要照顾渠道商的利益和态度。

统一原则并不是说不可以差别定价，但必须通过服务及其他手段来形成差异化，如线下可以通过服务增值来实现差别定价。另外，还可以通过产品定制的方式差别定价。

四、农产品定价

1. 新产品定价策略

（1）撇脂定价策略。撇脂定价就是为产品定一个高价，以在短期内获取最大利润为目标，而不是以实现最大的销量为目标。

（2）渗透定价策略。渗透定价即最初设定低价，以便迅速且深入地进入市场，从而吸引大量顾客，迅速扩大市场占有率。

2. 产品组合定价策略

（1）产品线定价。产品线定价（Product-line Pricing）是根据购买者对同样产品线不同档次产品的需求，精选设计几种不同档次的产品和价格点。

（2）附带产品定价。附带产品定价包括备选产品和附属产品定价，即以较低价销售主产品来吸引顾客，以较高价销售备选和附属产品来增加利润。如打印机的利润源自墨盒。

（3）心理定价法。

①零头定价。标价精确给人以信赖感。

②声望定价。购买产品可以显示消费者身份，高价格，高身份。

③招徕定价。又称特价商品定价，是一种有意将少数商品降价以吸引顾客的定价方式。商品的价格定得低于市价，一般都能引起消费者的注意，这是符合消费者"求廉"心理的。

（4）折扣与折让定价策略。折扣与折让，是为了鼓励顾客采取有利于公司的购买行动而对基础售价所做的调整。一般包括现金折扣、数量折扣、功能折扣、季节折扣与折让。

第四节 包装设计

在互联网时代，对于农产品而言，包装的重要性毋庸置疑。农产品包装需要考虑经济实用性，也要注意美观性与营销价值。下面就农产品零售包装领域谈谈农产品包装的要求与方式。

一、农产品包装要求

农产品包装要求有 4 个方面。

1. 安全性

作为食用产品，包装材料必须安全，最好采用可反复利用的高科技清洁包装。产品包装上应体现溯源信息。

2. 实用性

满足物流、仓储的需要，符合工人高效流水线生产的需要。

3. 可辨识性

符合目标消费群体审美情趣与审美习惯，美观简洁，设计可辨识度高。

4. 故事性

农产品背后是深厚的中国传统文化，挖掘产品故事，形成差异化优势。

二、农产品包装方式

农产品按包装规格可分为 3 类：一是保存时间较短，易损坏、撞伤、腐烂的产品，如樱桃、桃子、杧果等；二是保存时间较长、不易腐烂的产品，如橙子、苹果等耐储存的水果；三是保存时间较短且需特殊储存条件的产品，如海鲜类、手工制作食品等。每一种农产品在包装上都要根据具体情况进行实践测试分析，指导找到最合适的包装方式。常见的农产品包装方式有真空包装、无缝隙包装、密闭包装与活鲜箱包装。

1. 真空包装

真空包装也称减压包装，是将包装容器内的空气全部抽出密封，使袋内处于高度减压状态，空气稀少相当于低氧效果，使微生物没有生存条件，以达到果品新鲜、无病腐发生的目的，常用于腌制品、腊肉、火腿、咸鱼、香肠等产品的包装。

2. 无缝隙包装

无缝隙包装是采用填充物或无缝模型让产品与包装无缝缝合达到抗压防碎的功能，常用于易碎农产品的包装，如鸡蛋、松花蛋、咸鸭蛋等。

3. 密闭包装

密闭包装是指包装容器装好产品后，为了确保内装物品在运输、储存和销售过程中保留在容器中或者包装袋中，并避免受到污染、损坏而进行的各种封闭工艺，常用于鲜果类农产品的包装。

4. 活鲜箱包装

活鲜箱包装是一种由高阻隔或次高阻隔薄膜材料制成的充氧活鲜水产包装袋。它适用于水产品的保活鲜储运和销售。普通活鲜农产品的包装采用"真空包装+泡沫箱+冰袋"也能满足要求。

农村电商新业态下，农产品的包装设计对农产品的销量与品牌建设影响力越来越大。

目前我国农产品包装普遍存在乱象，如定位混乱、低档、形象设计陈旧等，大大制约了农村电商的发展空间。因此，农村电商应该把握时机，在农产品包装满足成本与实用性的基础上，还要重点考虑包装的品牌附加价值，从而提升农产品的获客能力，占据更多的市场份额。

【想一想】

1. "包装不仅仅用于商品的存储，它还是一种营销手段"，这句话你怎么理解？

2. 农产品包装有哪些要求？可采用哪些方式？

第五节　构建团队

随着农村电商的发展及政府政策的支持，很多商家纷纷进军农村电商市场，但对于农村电商来说，不管是创业还是传统企业转型都需要组建电商团队。那么，一个电商团队究竟需要几个人？都需要什么岗位的员工？员工职责和考核标准应该如何制订呢？

一、创业团队的定位

在农村，目前通过平台来销售农产品的有很多，不同的平台适合发展不同模式的电商，团队定位有 3 种模式：纯电商模式、供应链电商模式和线上线下一体化电商模式。

二、农产品定位

在农村电商的组建过程中，农产品定位这一点很关键。农产品的特点，是要突出农产品的生态性，以及绿色、有机、安全，在众多的平台里面，哪个平台能够对这几方面进行更多的展示，就增加了其核心竞争力，所以每个人要结合自己的品牌，分析农产品的特点，选好农产品。主打农产品要符合这些基本条件：货源充足、能掌控品质、有条件做品牌、有价格优势、易于包装、易于运输。

三、农村电商组织架构

一般来说，成熟的自营农村电商组织架构有以下岗位：店长、运营负责人、推广专员、策划/文案、设计/拍摄、客服（售前或售后）、发货员，有些农户做自主品牌，还有专门对接电商的研发岗位。岗位细分越详细，越能够保证人员的专业性，创新能力和效率也会更高。

但这并不是一定的，根据公司电商业务发展所在的不同阶段、不同规模，电商团队的配置会有非常大的灵活性，可以是由 1~2 个人组成，也可以是由多个事业部几百甚至几千名员工组成。农村电商团队要想长久地发展，在激烈的竞争中站稳脚跟，首先必须有一个与团队发展相符的组织架构。

1. 店长

店长负责店铺整体销售、毛利核算、年度规划、方向把控、产品布局、数据分析、推广方式、店铺运作、指定KPI（关键绩效指标），以及管理整个电商团队。

2. 运营

运营人员负责团队内部资源由上到下的整合，计划、组织、跟进团队的运营事务，掌控全局，综合统筹，把控团队方向。

3. 推广

负责推广的人员根据流量指标，通过直通车、钻石展位、淘宝客等手段，提高店铺流量，增强营销效果，同时降低费用。

4. 美工

美工负责店铺产品拍摄、图片处理、各种页面版式设计、风格搭建，以及店铺制作等工作。

5. 客服

客服包括售前和售后客服。客服需充分了解店铺产品、活动，利用聊天工具接待售前、售后消费者，提升店铺咨询转化率。

6. 仓管

仓管负责订单日常打包发货和售后退换货处理，以及商品入仓质检，确保货品质量。

【练一练】

构建自己的电商团队

构建要求：将自己所在的学习小组升级为电商团队，并且明确每个成员分工。

    1. 团队定位

    2. 农产品定位

    3. 岗位及职责

第四章　开设农产品电商店铺

借助电商平台销售农产品必须重视网络店铺的运营，本章将带领大家从入住店铺开始，了解开店流程、店铺装修、商品管理、店铺运营等一系列的内容。

【想一想】

1. 请谈一谈六大电商平台各有哪些优势？
2. 请选一个电商平台，并说明理由。

第一节　入住店铺

选择正确的合作平台，是做农村电商的开始。电商平台可以利用大数据指导贫困农户改善种植养殖结构，增加农民收入。根据形式电商平台主要分为传统类电商平台、专业类农产品电商平台和内容电商平台。下面分析各大平台的优缺点，并提出建议。

一、传统类电商平台

目前传统类电商平台的代表有以下 4 个：淘宝网、拼多多、京东商城和天猫。

1. 淘宝网

淘宝网（图4-1）是亚太地区较大的网络零售商圈，由阿里巴巴集团在 2003 年 5 月创立。淘宝网是中国深受欢迎的网购零售平台，拥看超 8 亿的注册用户，每天有超过 8 000万的活跃用户。

图 4-1　淘宝网

（1）优点。

①入驻押金不高，1 000元起的消费者保障金，而且淘宝流量十分可观。

②淘宝和天猫同属于阿里系，运营技巧和规则相对成熟。

③客单价低的农产品适合在淘宝上练习开卖，即使亏损，损失也不大。

④淘宝也有淘直播、村播等各种内容电商的开发，有先天的流量优势。

⑤人们习惯了在淘宝上消费，自然而然就有很多用户，比较容易做开。

（2）缺点。

①客单价高的产品，在淘宝上基本没有市场。如50元20个的土鸡蛋，很难在上面做开。

②人们普遍觉得淘宝上的产品就是低价和质量相对较差的。

③各种刷单的、代运营的广告电话多于消费者。

（3）建议。刚做农村电商的朋友，可以从淘宝开始练手开卖产品。

2. 拼多多

拼多多（图4-2）是国内移动互联网的主流电子商务应用产

图4-2　拼多多

品。专注于 C2M（CtoM，用户直连制造）拼团购物的第三方社交电商平台，成立于 2015 年 9 月，用户通过发起和朋友、家人、邻居等的拼团，可以以更低的价格，拼团购买优质商品。旨在凝聚更多人的力量，用更低的价格买到更好的东西，体会更多的实惠和乐趣。通过沟通分享形成的社交理念，成为拼多多独特的新社交电商思维。

（1）优点。

①拼多多助农有一定的实力。2018 年 4 月 25 日，拼多多上线"一起拼农货"，以高于市场价的价格，收购了中牟县 546 名贫困户的 2 000 多亩大蒜，较好地解决了大蒜丰收价低伤农的问题。

②合理地运用"强盗逻辑"，大部分人还是喜欢便宜，一边吐槽价低一边买单。

③与淘宝一样拥有可观的流量，以较低的价格就能买到不错的东西，大家都会关注，现在越来越多人移步去拼多多。

（2）缺点。

①缺少信用体系，不用缴纳消费者保障金，消费者信任感低。

②很多人都注册了这个平台，对平台的一些规则有不少意见。

③在强势地抢夺了很多流量之后，这个平台势必会转型，到时候的发展定位很难预测。

（3）建议。客单价低的农产品，可以选择在拼多多上试一试。

3. 京东商城

2013 年 5 月 6 日，京东商城（图 4-3）正式与消费者见面，用户可在京东商城购买食品饮料、调味品等日用品。京东商城首次上线的商品逾 5 000 种，涉及休闲特产、纯净水、粮油、调味品、啤酒饮料等多个产品品类，这些品类都与消费者日常生活息息相关。如今，在京东商城中一罐可乐、一瓶酱油，消费者都可零买，京东送货到家。加上支持货到付款等服务，真正能帮用户实现购物的"多、快、好、省"。

图4-3 京东商城

（1）优点。

①平台可靠，质量好，速度快。

②京东物流让消费者有安全感。

③京东旗舰店的号召力，对农产品打造品牌影响力很有好处。

（2）缺点。

①京东商城的运营规则不够透明。

②新手很难立足，在运营技巧和运营资金方面很难对早期的旗舰店形成冲击。

（3）建议。如果有一定的资金和专业团队，可以在京东商城尝试操作。

4. 天猫

天猫（图 4-4）（也称天猫商城）原名淘宝商城，是一个综合性购物网站。2012 年 1 月 11 日上午，淘宝商城正式宣布更名为"天猫"。2012 年 11 月 11 日，天猫借光棍节大赚一笔，宣称 13 小时销售额达 100 亿元，创世界纪录。天猫是淘宝网全新打造的 B2C 模式。其整合数千家品牌商、生产商，为商家和消费者之间提供一站式解决方案。提供 100% 品质保证的商品，7 天无理由退货的售后服务，以及购物积分返现等优质服务。

图 4-4　天猫

（1）优点。

①消费者信赖。

②高端、大气、上档次。

③有差异化的农产品，只要舍得投钱，就可以在上面打开市场。

（2）缺点。

①入驻费用高。

②能在天猫做开的，经验和团队缺一不可。

（3）建议。经过淘宝店的试水，如果操作得当，有资金和团队，就可以入驻天猫。

二、专业类农产品电商平台

像一亩田（图4-5）、惠农网（图4-6）、集农网、社员网、农佳、本来生活（图4-7）、沱沱工社（图4-8）、每日优鲜（图4-9）等都属于专业类农产品电商平台。

图4-5　一亩田

（1）优点。

①专业、专注、专心，这些平台上的产品都是农产品，并且每天都有农产品的款式和价格更新。

②对于提高农产品单价及品牌打造是有帮助的，本来生活和褚橙就是相互成就的。

③这些平台都在寻找自己的原产地和供应基地，所以若有合适的农产品供应地，就可以去尝试。

图 4-6　惠农网

图 4-7　本来生活

④对农产品的大宗交易，这些平台做得不错。

（2）缺点。

①泡沫太多，没有保障。

图4-8 沱沱工社

图4-9 每日优鲜

②流量太少。

③专业的平台，对产品的进货价和质量要求很严格，导致很多小商家进不来。

④入驻门槛参差不齐，下一步发展方向不明朗，比较难引导向上发展。

（3）建议。这些平台入驻费少的，有大宗交易需求的，可以入驻。做农村电商，随时掌握一手信息很有必要。

三、内容电商平台

内容电商平台是目前最有前景的发展平台。内容电商平台主要有小红书（图4-10）、今日头条（图4-11）、西瓜视频、抖音（图4-12）、抖音火山版（图4-13）等。快手（图4-14）、红豆角（图4-15）、纷来等也有一定的影响力。以下以今日头条这个平台为例给大家分析一下。

图4-10 小红书

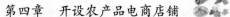

图 4-11　今日头条

图 4-12　抖音

图 4-13　抖音火山版

农产品电商助农实战手册

图 4-14　快手

图 4-15　红豆角

（1）优点。

①没有门槛，人人可以入驻。针对不同的人群、不同的学历、不同的特长设置了不同的赛道。

②如果拥有一定数量的粉丝，变现和带货的能力是相当可观的。

③基本上一部手机就可以完成初级销售的工作。

④平台有各种奖赏和扶持，总会找到适合自己的路。

⑤平台处于高速发展期，定位明确。

（2）缺点。

①内容电商就是要坚持做优质的内容输出，但很多平民老百姓却难以坚持。

②投入和回报的周期较长。

③需要有团队，现在做内容电商没有团队将越来越难以立足，因为平台要先扶持优质的内容及大咖们的内容。

④要有品牌和流量效益，粉丝购买农产品也是先冲着大咖效应，然后才是产品。

（3）建议。做内容电商，今日头条等平台是一定不能错过的平台。在一个领域深耕，是一定会有收获的。

全网运营是所有人的梦，但刚开始不能分散精力。等有了一定的精力、时间、团队以及资本，再去考虑。另外，有很多不知名的小平台打着入驻推广的旗号收加盟费，一定要擦亮双眼，以防被骗。赚钱的前提是不亏钱、不被坑钱。

第二节 开店流程

要想开一个网店，其实并不难，只需要三步，就可以拥有自己的店铺。当然，首先要经过选品的分析，然后再注册网店并进行实名认证，最后创建店铺。

一、网店选品分析

1. 货源渠道

根据网店的目标消费者，选择合适的货源渠道，是网上开店能否获得成功的关键。

（1）个人企业。

①线下进货。包括批发市场进货、厂家直接进货、购进外贸商品或 OEM 商品、购进或清仓商品。

②线上进货。包括网络平台进货、网络代理货源。

（2）品牌企业。

①自建工厂。自建工厂模式下，企业可以自主拥有完整的研发、供应链、制造、质量、成本控制等综合能力。

②工厂代工。包含 OEM 和 ODM 两种方式。OEM 是生产者不直接生产产品。ODM 是企业根据另一厂商的规格和要求进行代研发。

③品牌代理。企业可以寻找品牌供应商，获得品牌授权许可，从而获得生产、销售某品牌产品或者提供某种服务的代理权限。

2. 商品选款

根据目前市场需求变化情况，确定市场需求商品基本的类目、风格、规格、型号等；根据当下网络发展需要确定流量款、利润款、形象款和活动款商品。

（1）选品原则。

①根据市场趋势的原则选择商品。

②根据地理优势的原则选择商品。

③根据自身条件的原则选择商品。

（2）商品选款。

①流量款。市场需求大、属于大众款、适应的人群广泛、价格有一定优势、供货稳定。

②利润款。一般都是小众商品、倾向于某一类人群、市场竞争相对较小、商品的利润空间大。

③形象款。代表品牌和店铺的形象、能让顾客驻足和期待、高品质、高调性、高客单价、极小众产品。

④活动款。活动目的明确、库存款、冲销量、品牌体验好。

3. 商品定价

（1）考虑因素。网络商品定价与传统商品定价思维方式接近，既要考虑商品成本因素，又要考虑市场竞争、商品款式划分、活动等因素。

（2）定价原则。不亏本原则、销量为王原则、放眼未来原则、高性价比原则、顾客至上原则。

（3）定价方法。价格歧视、撇脂定价、渗透定价、产品组合定价、标价心理。

二、注册及认证

1. 注册账号（如果已有淘宝网的账号，则不用重复注册）

（1）请进入淘宝网 www.taobao.com 首页，点击左上角"免费注册"（图4-16），会出现以下界面，请按要求输入并点击"同意以下协议并注册"。

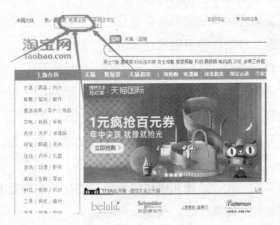

图 4-16 免费注册

（2）这时会提示输入手机号码（图 4-17），请输入一个能正常接收短信的手机号码。

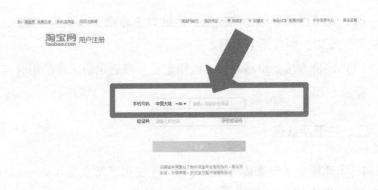

图 4-17 输入手机号码

（3）输入手机号码点击"提交"。

（4）淘宝网将在 1 分钟之内发送短信到手机，将短信上的一串数字按原样写到提示框中，并点击"验证"。

（5）这时会提示注册成功。即拥有了一个淘宝网的账号，请牢记用户名和密码。

2. 实名认证

（1）请在登录淘宝网后点击网页上部的"免费开店"（图4-18），点进去选择"个人开店"。

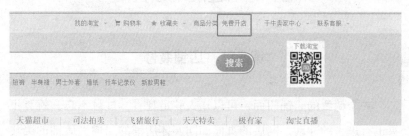

图 4-18　免费开店

（2）进行支付宝实名认证，点击右上角头像位置，完善个人信息。

（3）完成支付宝实名认证后，下一步是主体信息登记（图4-19）。这里需要上传身份证正反面，需要清晰的图片，可以扫描，或者用高清晰度的数码相机拍摄，并填写经营地址，同时核对个人信息是否正确。

（4）最后进行实人认证。刷脸认证通过之后，点击同意协议。0 元免费开店。

图 4-19 申请支付宝个人实名认证

第三节 店铺装修

一个精致的店铺门面，可以让人驻足观看，过目不忘，就算不买也有进去的冲动。网店的页面如同实体店铺的门面，店铺的美化如同实体店的装修，能让买家从视觉上和心理上感觉到店主对店铺的用心，增加顾客在店铺的停留时间。

一、概述

1. 网店装修的定义

所谓网店装修就是在网店平台允许的结构范围内，尽量通过图片、程序模板等装饰让店铺更加美观，呈现出更出色的视觉效果。

2. 网店装修的重要性

网店装修是网店进行视觉营销中最重要的一环。网店的色彩搭配、排版布置、店招 Logo 等共同构成了店铺给人的视觉印象。

（1）网店装修与视觉营销的关系。对网店进行装修的目的是通过店铺的视觉冲击力和吸引力来带动顾客的点击量、浏览量、成交量，其本质上就是视觉营销的一种手段。因此，视觉营销与网店装修是包含与被包含的关系。

（2）网店装修的作用。

①提升形象。网店的装修是商家形象的象征，好的网店装修可以提升商家形象，给顾客留下一个好的印象。

②增加浏览量。风格独特、设计精美的网店装修更能吸引消费者的注意，增加浏览时间和浏览量。

③促进转化。精美的网店装修能够增强消费者的黏性，进而促进转化，增加成交量。

3. 网店装修的一般流程

网店装修是一个复杂的过程，必须着眼于全局，在清楚了解自己的商品和市场定位、消费者定位的基础上进行。

（1）确定网店布局、风格。卖家在装修店铺时，要清楚了解自己的商品和市场定位、消费者定位。商品和定位是一切策略的基础。在了解这些的基础上，就可以确定网店布局结构、商品陈列方式、想达到的视觉效果及用户体验效果。

（2）收集装修素材。收集装修素材常用的图片网站有素材公社（图 4-20）、千图网（图 4-21）、昵图网（图 4-22）、花瓣网（图 4-23）等。

二、首页设计与制作

网店首页框架布局包括以下 3 个方面：首页框架布局、店标（Logo）设计、Banner 设计。

图4-20　素材公社

图4-21　千图网

图4-22　昵图网

图 4-23　花瓣网

1. 首页框架布局

（1）PC 端店铺首页布局。店铺的首页相当于一家实体店的门面，用于体现店铺形象、展示商品和导购信息。首页直接影响消费者的购物体验和转化率，具有以下作用。

①传递品牌形象。

②配合营销活动。

③展示商品。

④引导分流。

⑤减少跳失率。

（2）借助视觉元素塑造首页。通过视觉元素塑造个性化的风格定位来给买家留下深刻的印象和好的购物体验。规范店铺的装修，帮助消费者记忆，树立并强化店铺的品牌形象，可以从以下 3 个方面着手。

①标志。经过提炼、抽象与加工形成的一种视觉化的信息表达方式，是具有一定含义，并能够使人理解的视觉图形，具有简洁、明确、一目了然的视觉传递效果。

②标准色彩。

店铺主色：解释和反映网店视觉定位的色彩。

搭配色彩：标准色彩控制在 3~5 种。

色彩标准：使用 3 种以上的色彩属于多色彩。

③标准字体。

字体的种类：衬线体、等线体、艺术体和书法体。

字体：使用的字体要符合网店的商品风格和营销定位。

（3）框架布局。店铺首页相当于店铺分流和导流的交通枢纽。首页主要展示店铺形象、品牌风格、推荐商品、促销活动和一些重要信息。

把店铺中最想让消费者了解的信息和主推的商品安排在前三屏，利用视觉动线、颜色和尺寸的变化等视觉手段尽量将流量引到爆款和利润款的商品上。

①首页第一屏。店招、导航、Banner。

②首页第二、第三屏。店铺推荐商品、店铺新品和热销商品。

③分类导航区。导流功能、新品、促销区。

（4）移动端店铺首页布局。

①自定义模块专区。店铺活动信息、优惠券和爆款推荐等。

②商品陈列模块。商品展示。

③第一屏展示爆款。一秒钟吸引消费者，进行快速转化或进入承接页面。

④第二屏展示新品。以新品来吸引消费者。

⑤第三屏展示促销商品。针对不同的节日，以优惠套餐的形式进行展示。

⑥第四屏陈列特供区。精选为移动端，设置移动端特价产品区。

2. 店标（Logo）设计

店标 Logo 是识别店铺的标志，把店铺的形象与概念转化为视觉印象，代表店铺的风格、品位，起到宣传的作用。要能够配合市场对消费者进行适当的视觉刺激和吸引，要具有人性化及针对性。店标展现位置有以下几类。

（1）PC 端店铺店标，如图 4-24 所示。

图 4-24　PC 端店铺店标

（2）PC 端店铺搜索页店标，如图 4-25 所示。

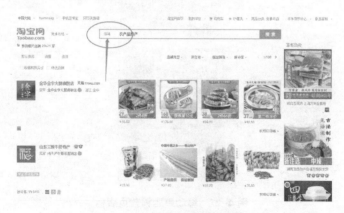

图 4-25　PC 端店铺搜索页店标

（3）天猫商城首页店标，如图 4-26 所示。

（4）移动端店铺首页店标，如图 4-27 所示。

图 4-26 天猫商城首页店标

图 4-27 移动端店铺首页店标

（5）移动端店铺搜索页店标，如图 4-28 所示。

一般店标有 3 种展现形式：纯文字 Logo、纯图形 Logo 和图文

图4-28　移动端店铺搜索页店标

结合 Logo。

店标设计原则有以下几点。

①原创性。适合网店风格；清晰度高；素材无版权纠纷。

②统一性。与店铺风格一致；目标顾客群界定清晰；产品和标志具备统一性。

③易识别性。简单且易识别；保持视觉平衡；讲究线条流畅。

④合法性。符合《中华人民共和国电子商务法》和《中华人民共和国广告法》；遵守法律法规。

3. Banner 设计

Banner 指的是网店页面的横幅广告，处于店铺风格最直观的展现位置，对于营造氛围起着巨大的作用。淘宝、速卖通店铺中的首页焦点轮播图、促销海报、商品推荐及商品焦点采用的都是 Banner 的形式，如图 4-29 所示。因为用途广泛，所以 Banner 成为淘宝产品信息传播的主要途径之一，也是店铺吸引流量和提高转化率的重要工具。

图 4-29 弘强苦瓜干

（1）Banner 的作用。Banner 可以出现在首页焦点轮播图、促销海报、商品推荐及焦点图 3 个位置，是网店页面的横幅广告，在最直观的展现位置，是吸引注意力和提高转化率的重要工具。

①第一视觉。吸引。

②第二视觉。告诉受众"这是什么"。

③第三视觉。告诉受众"我是谁，怎么找我"。

（2）Banner 的设计。

①Banner 设计规范。

PC 端。海报宽为：950 像素（淘宝）、990 像素（天猫）、960

像素（速卖通），也可以用 CSS 代码或在线布局软件来实现全屏 1 920像素的效果，主流高度均为 600 像素左右。

移动端。移动端的设计尺寸建议为：宽度 640 像素、高度 200~960 像素。（淘宝）专业版旺铺及以上可设置大屏海报，还可以用轮播形式循环播放（基础版和专业版旺铺借助在线工具可实现大屏海报最大宽度 1 920像素及轮播图效果）。

②Banner 设计要点。

主题明确。首先要根据推广目的确定主题，推广的目的不同，Banner 的表现形式也就不同。

风格统一。网店装修的所有元素都要服务于页面的整体视觉风格，配色和字体也要遵守视觉识别规范。

定位精准。主要是对于消费群体和价格的定位。

图像清晰。有关视觉设计的一切图片质量都必须保证是高品质的。

（3）Banner 排版布局。

①两栏结构。采用左图右文或右图左文的两栏结构进行布局。这种布局方式结构稳重、平衡，商品展示与文案宣传并重，容易让浏览者产生视觉焦点，界面效果强烈且突出。

②上下结构。上下结构属于两栏结构布局的一种，这种布局方式结构稳定，而且可以形成一个明确的视觉焦点，比较容易突出主题。

③三栏结构。服饰、鞋包类需要模特展示的商品适合使用三栏结构，这种布局方式通常是将文案放在中间，用一侧的近景模特与另一侧的远景模特产生对比和呼应。

④组合结构。组合结构是常规三栏结构的一种变化，这种布局

方式减少了文案的占用面积，用更多的篇幅展示商品，相对来说，更适合用于促销活动海报。

⑤倾斜结构。倾斜结构的布局会让画面显得时尚且具有动感。有的时候需要让画面平衡，其他一些时候则需要破坏平衡来吸引消费者的注意。

（4）Banner 视觉文案设计。

①标题。一张优秀的 Banner 需要一个出色的标题，如果主标题不能吸引消费者的眼球，消费者就会失去继续访问页面的意愿，从而离开页面，增加店铺的跳失率。

②文案创意。抓住商品鲜明的特点，置于广告画面的主要视觉部位，使消费者在接触画面的瞬间感受到其独特性，引起消费者的视觉兴趣，达到刺激消费者购买欲望的目的。

③热点话题。网店 Banner 往往占据网店的核心位置，为了吸引消费者的注意，通常会与社会流行的热点话题、热门影视剧等相联系。

三、商品详情页设计与制作

1. 商品详情页布局

详情页的布局遵循以下原则：实用、美观、直观；能激发消费者消费的欲望，能赢得消费者的信任，是提高转化率的重要入口。

（1）商品详情页构成要素。

①商品图片。包括主图、细节图、营销图。

②商品视频。包括主图视频、详情页视频。

③商品参数信息。包括商品价格、规格、颜色、尺寸、库存。

④商品详情描述。包括商品的功能和特性、向消费者介绍商

品、关联商品的销售。

（2）不同平台详情页尺寸不同。

2. 商品详情页文案设计

（1）商品详情页文案的作用。

①增加消费者对商品的了解。

②取得消费者的信任和好感。

③引导消费者下单购买。

（2）商品详情页文案的类型。

①普通型商品详情页文案。从商品核心卖点出发；商品描述要简洁；商品细节描述要真实，如图4-30所示。

图4-30 普通型商品详情页文案

②解决痛点型商品详情页文案。给出消费者立刻购买的理由；制造紧张感、稀缺感，进行购买引导；找到痛点、突显卖点、加深认同感，如图4-31所示。

图4-31 解决痛点型商品详情页文案

③故事型商品详情页文案。调动消费者的情绪；为商品添加附加值；引起消费者的情感共鸣。

四、商品图片与设计

1. 消费者访问网店的形式

（1）主动式访问。当消费者购物需求明确时，会主动搜索商品，在搜索列表中单击与心目中的商品契合度最好的图片进入店铺。

（2）被动式访问。当消费者购物需求不明确时，需要激发消费者需求，因此网店投放的广告图片需生动，从而引发消费者兴趣，点击进入网店。

2. 商品图片展现的位置

（1）商品主图。商品主图就是消费者在淘宝搜索列表中看到的商品图片。商品主图是店铺获取免费流量、商品获取点击率最重要的因素，如图4-32所示。

图4-32 商品主图

（2）商品辅图。商品辅图就是商品主图以外的所有图片。一般点开商品详情页，左上角的第一张图为主图，其余为辅图，包含细节图和营销图，如图4-33所示。

3. 商品图片设计形式

（1）展示全貌。利用白色背景展示商品的全貌是商品主图最常规的设计形式，大多数行业都要求至少有一张白底图。这种设

图4-33　商品辅图

计的好处是干净、直接，可以让买家快速了解商品的外观和颜色。

（2）场景设计。根据商品的用途和特点搭建生活化、场景化的环境。让买家直观地感受商品的实际穿戴或使用效果，产生心理上的映射关系，间接向买家传达商品的适用人群和档次等信息。

（3）拼接设计。优点是信息丰富，可以同时显示商品的外观和实际功效，还可以让买家对商品的可选颜色一目了然。缺点是众多图片放在一起，商品特征不够凸显。

（4）突出卖点。所谓卖点，就是指商品具备的别出心裁或与众不同的特色，既可以是产品的款式、形状、材质，也可以是产品的价格等。

4. 商品图片设计原则

（1）投射效应。针对消费者的状态设定原型达到投射效应最大化。常规的消费者原型有英雄、探险者、破坏者、照顾者、玩世不恭者等。

（2）风格统一。商品图片要与网店的主题一致，融入品牌文化及价值元素，形象地提炼出网店的主题。

（3）简洁原则。用最简短的话、最少形式的语言表达商品主题。

5. 商品图片设计营销要点

（1）卖点清晰有创意。

（2）宜简不宜繁。

（3）商品的大小适中。

（4）丰富细节。

五、商品详情页视觉营销设计

1. 详情描述主要模块

一个优秀的详情描述页面能激发消费者的购买欲望，促使消费者尽快下单成交。一般包括以下 7 个模块：焦点图（商品卖点）、商品信息的描述、商品细节图、商品包装展示、店铺/商品资格证书、快递与售后和温馨提示。

2. 详情描述设计流程

（1）设计商品详情描述遵循的前提。

（2）设计前的市场调查。

（3）调查结果及产品分析。

（4）明确商品定位。

（5）挖掘卖点。

（6）开始准备设计元素。

第四节　商品管理

一、商品发布

1. 商品标题撰写

商品或者标题描述和用户需求如何保持一致，这个非常关键。没有最好的标题，只有最适合的标题。

（1）商品标题的作用。

不同的商品或者同一商品不同的阶段，标题发挥的作用不一样。

介绍商品的特征，传达商品的有效信息，包含更多高相关性的关键词。

（2）标题的基本构成。

①核心词。是商品的名称，表明所卖的是什么商品。

②类目词。是商品所在的类目。

③属性词。是描述商品相关属性的词语。

④尾词。可以有多个，是对前面组合词的修饰。

（3）标题撰写技巧。

①挖掘关键词。利用平台专属的数据分析工具；基于电商平台的搜索引擎。

②建立词库。利用生意参谋搜索查询词、行业热搜词榜；利用平台下拉框；利用后台数据分析工具。

③标题组合公式。公式解析为营销+意向+属性+类目+长尾；注意标题关键词位置。

④标题组合公式案例解析（表4-1）。

表4-1　标题组合公式案例解析

标题关键词	常见类型
营销关键词	包邮、特价、正品、活动促销等都属于营销关键词
意向关键词	大码女装、安踏运动跑鞋、雪纺连衣裙等都属于意向关键词
属性卖点词	修身、收腰、直筒、高腰、日系、韩版等表述产品某一特点属性的词
类目关键词	例如，羊绒衫是女装类目下的词，公仔是毛绒玩具类目下的词
长尾词	搜索量相对较少，但是能展示宝贝特色的词。例如，平跟商务皮鞋、日常休闲板鞋等

⑤标题撰写注意事项。

相关性。所有关键词保持高度相关性；标题要与商品主图、详情页相关。

适用性。标题适用于搜索引擎和买家；标题适用于当前店铺基础。

规范性。不要滥用关键词、极限词，不要用别人的品牌词，不要堆砌关键词等；商品标题一定要符合各平台的规则。

2. 商品属性填写

商品属性，主要是指除了标题以外的内容，如规格、货号、材质等都属于商品属性的范畴。

（1）商品属性分类。

①产品属性。行业专业性产品固有的，有一定行业标准可规范。

②营销属性。满足多维度浏览需求，以非标准类行业为主。

③通用属性。几乎所有类目商品都会涉及。

（2）商品属性特质。优质商品属性所具备的特质：填写真实有效，填写尽量完整。

（3）商品属性填写的注意事项。

①属性越详细越好，不要留空，有助于商品排名展示。

②属性词里面的用词不要反复填写。

③属性词里面一定要包含商品主推关键词。

④通常平台会提供额外的属性给卖家填写，尽量完善自定义属性填写。

⑤属性词的填写要和标题相关描述一致。

（4）标题属性词与类目属性词。

①标题属性词。一般是指商品的参数，影响商品在搜索中的排序和点击率。

②类目属性词。与商品所在的类目有关，不能出现另外一个类目的词。

二、商品上下架

1. 商品上下架时间

（1）商品上下架时间原理。商品上下架时间原理是指商品在上架后需要选择 7 天或 14 天的重复下架和上架周期。简单来说，是指商品在第一次上架出售后的 7 天或 14 天后有一个虚拟的下架，然后自动上架的过程，越接近下架时间排名越靠前。

（2）商品上下架时间卡位。商品上下架时间卡位的目的是通过正确规划与安排商品下架时间，实现免费流量最大化，按照周期分每天每个时段上架商品，每个浏览高峰时段都有商品接近下架时间。

（3）商品上下架时间维度。

①每周的时间维度。商品上下架安排时，周一到周五安排较多一点，周六日相对较少。

②每天的时间维度。根据来访高峰时段和购买高峰时段数据合理规划。

③店铺自己的流量高峰、低谷。总结店铺的访问规律，归纳店铺的最佳上下架时间段。

2. 商品上下架技巧

（1）选择最小的上下架周期。周期越短，展示的机会越多，效率越高，效果越好。

（2）确定最佳上架时间。交易高峰期时间段定时上架。

（3）商品分批上架。不同时间段内分批上架。

（4）按商品标签精细化。按销售热度给产品分类。

（5）同类商品细分。通过区分上下架时间区分同类商品。

（6）竞争对手分析。根据分析调整上架时间段。

（7）上下架效果监控。通过搜索流量变动情况监控。

第五节　店铺运营

一、认识运营的本质

1. 运营的概念

运营（运作+创收），是帮助商品和用户之间建立与维护好关系所使用的一切相关手段及方法，最终目的是使商品价值和用户价值达到最大化。

2. 运营的目标

运营要想达到持续营收的目标，就必须要为流量负责。需要找到流量从哪来；思考如何把流量留下来；积累流量势能，进行再利用。随着用户的碎片时间越来越细碎，各家移动互联网厂商都想在其中分一杯羹，谁能够获得更多的用户碎片时间，谁就能获得更高的暴光率，吸引更多的眼球与更多的资源（资本）。

3. 运营中引流案例

（1）线下案例。到某个景点旅游，会到很多小吃街去品尝当地的特色风味，会发现小吃街的人非常多，但是很多小吃味道却很一般，价格也高出市场价很多，有的甚至翻倍，但买的人反而更多，甚至需要排队等号，这是因为旅游小吃街流量特别大，生意自然就好。

（2）线上案例。例如，现在比较火的抖音，上面也有很多人在卖商品，先通过抖音上传视频获得暴光，带来用户，然后引流到平台上面成交。竞价卖商品一直火爆的原因是，解决什么问题基本都会使用搜索引擎，因为流量大，所以做竞价卖商品的自然就多，只要商品还不错，基本都能够赚钱。

4. 运营方式转变，商业的本质从未改变

运营的3个关键动作是推广、交易和交付。推广是电商运营中非常重要的一部分，网店商品再好，不去推广没人知道，更没有人会买。交易的最终目的便是提高转化率。

商业的手段随着技术的发展一直在改变，但商业的本质从未改变。通过有效的手段把商品或者服务的核心价值传递给用户，并且持续性地和用户互动，刺激用户更多转化，最终实现公司的盈利。

二、流量获取

1. 流量规划

（1）流量的人群划分。

①新用户流量的获取。获取流量主要还是获取新用户带来的流量，网店平台的推广工具流量和平台活动流量，都是获取新用户的重要手段。

②浏览回头客流量的获取。推广工具为我们匹配了浏览过但未成交买家、浏览收藏过店铺的买家等，是针对与店铺发生过非成交之外关系用户的精准的营销推广方法。

③老用户流量的获取。在店铺运营中，老用户的流量更容易和店铺的运营节奏有效配合，老用户因为对店铺有二次信任，所以具有成交件数和成交金额偏高的特征。

（2）流量与网店运营节点的匹配。流量固然是日常运营的重点，但获取流量也要随着市场行情的走势做相应的推广和运营。消费者可能随着季节、节日、天气等因素而改变消费需求和消费习惯，我们应及时发现市场的变化，针对流量推广和店铺运营做出相应的策略调整。

①流量增长的重要机会节点。流量推广一定要匹配市场行情做规划，每一个流量背后都有一个有思想的顾客，他们不可能违背市场规律来消费。

②瞄准市场机会规划流量推广。在制订店铺全年销售规划时，就要分析市场行情数据来预估全年的推广节奏，以获取相应的流量。

（3）流量的分配机制。

①流量分类。店铺流量按照推广过程付费与否,可分为免费流量和付费流量。其中,免费流量包含自然搜索流量与平台活动流量,付费流量可分为站内付费流量和站外付费流量。

②目标拆解。为了更好地满足流量需求,还要将流量目标分解到各个流量渠道,这样即可通过对流量目标的监控和调整让流量目标变得可控,从而使销售额目标的完成过程变得可控。

③流量的分配比例。免费流量按照流量目标正常拆解后,可得到自然搜索流量和平台活动流量的占比,而付费流量的分配比例除参照流量目标外,还需要结合推广费用情况做出判断。

2. 平台活动推广策略

(1)平台活动的心理学解释及相关理论。

①羊群效应。平台活动在促销过程中,商家会充分抓住人们的从众心理,制造热闹气氛和火爆场面,搭配打折、发放优惠券等方式吸引消费者注意,充分调动更多消费者参与。

②网络外部性。对于平台活动,推广覆盖人群越多,参与人数越多,越会对周围其他人造成影响,增强平台活动的网络外部性。

(2)平台活动推广的目的。平台活动主要包括独立品牌型活动、行业型活动及节庆、主题的专场活动。

①独立品牌型活动。品牌型活动有淘抢购、淘金币、试用中心、全球购、天天特价、极有家、中国制造等活动。

②行业型活动。行业型活动即面向行业的专场活动,如男装、女装、化妆品、家电、运动等不同类目的活动。

③节庆、主题的专场活动。如"双十一""双十二"专场及"七夕专场""新风尚"等。

参与电商平台活动前首先要确定活动目的,然后根据目的制订活动方案。活动给商家带来的好处大致有以下几个方面。

①清库存。

②增加流量，提高转化率。

③关联销售。

④积累用户。

⑤提高品牌暴光度。

⑥发现短板加以改善。

3. 活动营销策划

（1）打折促销。是网店在特定市场范围和经营时期内，根据商品原价确定让利系数，进行减价销售的一种方式。

（2）包邮。包邮是很多网店最常见的一种促销方式，而利润和客单价低的网店通常不会设置包邮，而会设置满××元包邮、满××件包邮这种形式。

（3）买赠。买赠也是一种常用的促销方式，和买送（买×免×）的方式差不多。

例如，买 A 送 B，买一个双肩包，送一个腰包；买某某商品多少件，送同样的商品多少件，如买 5 支牙刷，送 2 支牙刷等。

（4）秒杀。名次折、优惠券秒杀、官方后台秒杀。

（5）定金膨胀。定金膨胀，顾名思义就是用户在特定时间内支付一定数额的定金，可以让定金的价值膨胀数倍，来抵扣购买商品的价值差额。

（6）抽奖。抽奖是一种很直接的活动方式，除了可以增加网店访客量和浏览量之外，还可以设置一定的条件增加网店收藏量、商品加购量等，而且中奖概率可以人为设置，但注意奖品价格不能高于平台规定的最高价，常用的抽奖工具有抽奖精灵、抽奖靠手等。

（7）优惠券。优惠券分为网店优惠券和单品优惠券，对于网店优惠券，一般选择公开方式才可以在商品详情页中进行设置，也可以配合淘宝定向设置隐藏优惠券，但使用条件、力度和展示方式等需要精心设置，否则会给网店带来不必要的损失。

（8）满立减。满立减是网店经营者在客单价基础上设置订单满×元系统自动减×元的促销方式，是提升客单价的常用营销方式。

（9）联盟营销。联盟营销主要应用于跨境电商平台，也称联属网络营销或网络联盟营销，是一种按营销效果付费的网络营销方式。即商家利用专业联盟营销机构提供的网站联盟服务拓展其线上业务，扩大销售空间，并按照营销实际效果支付费用的网络营销模式。

（10）直通车。直通车是平台为网店经营者量身定制的，能够快速提升网店流量，按点击效果付费的营销工具。它的最基本功能和最大价值就是为商家引流。

（11）红包。红包分为网店红包和支付宝红包两种，网店红包的使用方式跟优惠券相似，而支付宝红包则是现金红包，实现方式也比较简单，利用无线宝箱等工具就可以轻松设置，除了送红包，还可以送流量、送话费等。

（12）会员制度。持有会员卡购物的用户在购物的时候将会得到一定的优惠，设置好一个网店的会员制度不仅能让网店更专业，而且会增加消费者的复购率。

第五章　农产品短视频运营

如今智能手机越来越普及、网络提速降费，以及互联网技术不断发展，传统的传播形式，如文字、图片已经难以满足消费者的需求，而能够承载更多信息且形式多样的短视频迅速抓住了人们的眼球。随着短视频在互联网上的暴发式增长，越来越多的短视频平台如雨后春笋般涌现，并推出多种措施加大对短视频创作者的支持，极大地推进了短视频的发展。人们对短视频的关注度也越来越高，更多的企业通过短视频达到品牌宣传和营销的目的。通过本章的学习，可以快速入门短视频运营，学会更多短视频的实用技巧。

第一节　主题策划

一、精准短视频用户的寻找技巧

在短视频吸粉的过程中，要想保证粉丝的黏性和精准度，就要为目标用户建立画像。那么，什么是用户画像呢？

用户画像其实就是将一系列真实有效的数据，虚拟成一些用户模型，然后对这些用户模型进行分析，找出其中共同的典型特征，再细分成不同的类型。用户画像是包含了用户人口学特征、网络浏览内容、网络社交活动和消费行为等信息而抽象出的一个标签化的用户模型。用户画像的作用大体上可以总结为以下四个。

一是精准营销，如精准视频推送、后期带货变现等。

二是用户研究，读取用户意见为我们的产品进行优化，甚至做到产品功能的私人定制等。

三是个性服务，如个性化推荐、个性化搜索等。

四是业务决策，如排名统计、地域分析、行业趋势、竞品分析等。

接下来我们一起学习了解如何建立短视频用户画像。要建立属于我们的粉丝用户画像，那我们首先要知道粉丝画像所包含的 4 个元素。

1. 性别

无论时代怎样发展和变化，男女在内容消费和日常消费观念上都存在一定的差异性，在打造短视频账号和吸粉的过程中，我们要注意性别带来的内容差异性和消费差异性。

2. 年龄

从理论上讲，年龄是最基本的圈层划分标准。不同年龄段的粉丝所关心的内容重点往往大相径庭，正所谓"70 后"刷鸡汤，"80 后"刷职场，"90 后"刷互联网，"00 后"刷二次元。所以我们短视频输出的内容也要迎合目标粉丝的口味和爱好。

3. 地域

在当下这个互联网时代，在地域的所有属性中，城市属性最为关键，一二线城市的用户经济条件相对较好，消费观和思想观念也更加开放，更容易能够接受新鲜的事物和新潮的理念，也更愿意为有附加值的虚拟服务付费。

三四线城市的用户则相对保守一些，对新东西的接受能力不强，更喜欢经济实惠的产品，例如，某些购物软件针对三四线城市用户，推出物美价廉的产品。

4. 消费能力

在做账号之前，我们要明确账号生产的是什么内容，我们需要的是哪个消费层级的粉丝用户，只有在粉丝用户和我们生产的内容相匹配的情况下，才能在后期视频带货或者是直播带货的过程中更好地变现。

在确定所需的粉丝用户属性后，我们要按照他们喜欢的内容和表达方式去对短视频进行相应的创作，自然就会吸引相应的粉丝用户。

二、优质短视频内容策划技巧

很多短视频从业者在做短视频的时候，常常会为更新内容烦恼。造成这个烦恼的最直接原因是没有打造属于自己的选题库。选题库的作用在于提前确定内容创作方向，使以后更新的每一条短视频都有迹可循，有据可依。

下面是建立属于自己的选题库的几种常用方法。

1. 日常积累

优秀的短视频从业者会通过日常生活的积累，发现很多与账号属性相关的有趣事物。如以遇到的人、事、物或者热点新闻为素材进行积累。

2. 搜索引擎

通过搜索引擎搜索与账号相关的关键词，通过关键词进行内容延伸。如一个做茶叶的账号，可以通过搜索引擎搜索"茶叶"，查看出现的关键词进行内容创作。

第二节　脚本创作

一、什么是短视频脚本

在拍摄短视频之前都会撰写短视频脚本，短视频脚本对于短视频拍摄和后期剪辑都有极大的作用。短视频脚本包括镜号、时长、画面内容、台词、景别、运镜、转场、服化道（服装、化妆、道具）、BGM（背景音乐）。

例如，拍摄一个 30 秒的短视频，如果没有脚本的指引，演员不知该如何演绎、摄影师不知使用哪种拍摄手法、后期剪辑不知该如何插入 BGM 和转场。

短视频脚本是短视频拍摄的主心骨。短视频脚本中用文字表达出来的画面内容、台词和演员所需表达的表情和情绪，演员、摄影师在熟读脚本后能有更好的表现，使短视频有更好的呈现效果，观看者能拥有更好的观看体验。

二、短视频脚本的类型

短视频脚本类型大致可分为 3 种。

1. 拍摄提纲

拍摄提纲可以看作是我们写作文时，先列出的大纲。在拍摄之前把需要拍摄的内容列出来，形成一个大致的骨架。

拍摄提纲一般分为 4 个部分，即选题阐述、视角阐述、体裁阐述、风格画面和节奏阐述。

（1）选题阐述。选题阐述是明确选题意义、主题立意和创作的主要方向，让拍摄方明白剧本创作的初衷。

（2）视角阐述。就是表现事物的角度，好的视角能让人耳目一新，体现视角的首要问题就是作品的切入点。

（3）体裁阐述。是不同的体裁有不同的创作要求、创作手法、表现技巧和选材标准。

（4）风格画面和节奏阐述。主要是决定创作环境，是轻快还是沉重，色调影调、构图、用光如何安排，外部节奏与内部节奏如何把握等。

2. 文学脚本

文学脚本则是把拍摄时细致的内容填充至拍摄提纲里，需要利用文字把更多的画面内容展现出来。

3. 分镜头脚本

分镜头脚本是我们拍短视频时使用最多、最专业的脚本。

分镜头脚本要求十分严格，需要把不同的细节，如每一个镜头的画面内容、台词、景别和运镜手法等一一呈现出来。虽然分镜头脚本创作费时费力，但是常常被很多短视频大 V 使用。因为分镜头脚本能让视频有更好的呈现效果，并且能确保高效率地完成短视频拍摄。

分镜头脚本范例见表 5-1。

表 5-1　分镜头脚本

镜号	时长/秒	景别	运镜	画面内容	台词	BGM	服化道	备注
1	3		固定机位	清晨街道，没什么人，李大爷穿着单薄的工作服在扫地	无	扫地声		
2	4	中景	固定机位	3名年轻人边说边笑，走过李大爷身边，把装早餐的垃圾袋随手扔在地上	无	少年说笑声		
3	2	特写	推镜头	垃圾袋飘落在地上	无	无		
4	4		固定机位	走在年轻人身后的小姑娘看着到后，表情略显不悦，弯腰准备捡起早餐袋	无	无		
5	3	近景	固定机位	李大爷连忙挥手，示意小姑娘不用捡，他来扫就好了	李大爷：小姑娘，别捡别捡，我来扫吧	无		
6	2		固定机位	小姑娘弯腰捡起垃圾袋，笑着对李大爷说话	小姑娘：没关系的，您辛苦了	无		
7	3	中景	固定机位	小姑娘把垃圾袋扔入垃圾桶，和李大爷挥手道别	无	无		
8	3	特写	固定机位	李大爷脸上浮现出欣慰的笑容	无	《一百万个可能》		

第三节 拍摄技巧

一、器材准备

1. 单反相机（手机）+手持云台

单反相机或者高端的智能手机都能满足农产品拍摄的一般需求。单反相机有丰富的镜头与拍摄模式，可以满足不同的拍摄需求。

目前市面上的高端智能手机也具备丰富的拍摄模式，可以满足农户的基本拍摄需求。而手持云台则可以优化的稳定算法与相机及镜头内部的增稳功能无缝配合，让室外拍摄的稳定效果得到很大的改善（图5-1）。

图5-1 单反相机（手机）+手持云台

2. 镜头的选择

镜头（图5-2）是相机最重要的部件，它的好坏直接影响拍摄成像质量。镜头可分为标准镜头、广角镜头、鱼眼镜头、远摄镜头与微距镜头等。

图5-2　镜头

（1）标准镜头焦距介于广角镜头和远摄镜头之间，也就是50毫米镜头。标准镜头拍出的照片在视角上与人眼相近，显得很平实、亲切，比较多地用来拍摄人像或人文题材的照片。

（2）广角镜头拥有广阔视角，也就是说可以将更多的景物"框"进镜头里，在拍摄建筑物或风景时可以使照片显得更加气势恢宏。此外，由于广角镜头的视角宽广，近距离拍摄可以有极其夸张的透视，因此也可以拍摄出有极强视觉冲击力的照片。广角镜头较适合拍摄风光、建筑及人文类的照片。

（3）鱼眼镜头是一种焦距很短并且视角接近或等于180°的镜头，是一种较为极端的广角镜头。为使镜头达到较大视角，这种镜头的前镜片直径很短，且呈抛物线状向镜头前部凸出，与鱼的眼睛颇为相似，"鱼眼镜头"因此而得名。鱼眼镜头适合用来拍摄星空等大场面照片，也适用于追求照片的艺术效果等。

（4）远摄镜头和望远镜有些相似，适合拍摄距离自己较远的被摄体。如拍摄野生动物时，我们可以用它在远处悄悄拍摄，以获取比较自然、不被打扰的照片。远摄镜头比较适合拍摄那些我们较难靠近的物体，如鸟类等野生动物，另外，也适合拍摄体育照片。

（5）微距镜头就是能够将近距离的很微小的物体拍得很大的一种镜头，主要用于拍摄体积较小的物体。

3. 拍摄台

拍摄台是静物拍摄不可或缺的装备。拍摄台的搭建需要一张桌子、背景架、背景布和夹子等，如图5-3所示。

图5-3 拍摄台

4. 摄影灯组套件

摄影是一门光与影的艺术，摄影灯组套件可以满足室内拍摄过程中的不同用光、布光需求。

5. 收音设备

视频拍摄画质清晰度固然重要，但是音质也不要忽视。很多人短视频拍得不错，但是音质较差，最根本的原因就是收音设备的问题。一般情况下，我们会选用相对经济实惠的领夹式话筒（图5-4）或者无线话筒。它有较多优点，如收音音质好，插在拍摄设备上即可将声音和视频一起录制，非常方便。

图5-4　领夹式话筒

6. 辅助设备

在拍摄过程中，为了拍摄出更佳的效果还需要一些辅助设备，如三脚架、万向转接头、亚克力拍摄台、电动转盘等。

二、灯光与布光技巧

为了让买家看得更加清楚明白，要尽量让产品的每个部分受光均匀，拍摄出颜色鲜明、细节清楚、色彩准确的效果。

在拍摄农产品时尽可能地让农产品大面积受光，使正面受光均匀，常用的布光方法是三点式布光，左右两个主光灯呈45°夹角分布，再在顶部打一个顶光即可。

三、构图技巧

构图是摄影中最重要的技巧之一。我们进行农产品拍摄时可以用单品或组合图的方式对画面中各元素进行组合、配置与取舍，从而更好地表达出作品的主题与美感。

1. 单个农产品构图要简洁

单个农产品构图要求简洁，一般采用对角线构图，也可以和其他饰品进行搭配。在拍摄时，多数使用素色背景。素色背景的优点是能让被摄体非常清晰并突出，减弱背景距离感，增大画面景深。如果使用艳色背景，就要注意被摄体与背景色是否搭配。选择技巧是，要么反差特别大，要么属于同一色系避免违和感，如图5-5所示。

图5-5　单个农产品

2. 农产品组合摆放要有整体感

如果农产品比较多，摆放在一起会很乱，进行商业拍摄时一定要组成形状，这样才有整体感。三角形具有稳定性，是常用形式；弧形比较有创意，构图可以加入自己的品牌；方形也是很好的方法，如图 5-6 所示。

图 5-6 农产品组合

3. 农产品细节要有美感

买家关心蔬菜和瓜果质量好坏，建议拍照时将微距模式打开或者把镜头拉近，这样既能展现农产品细节，又能营造浅景深效果，增加美感。想要拍出水雾效果就在拍之前把农产品洗干净，用水和甘油按照 10∶1 比例进行混合，然后轻轻喷洒到水果表皮，就会形成漂亮水雾，如图 5-7 所示。

4. 创意拍摄容易吸引注意力

创意拍摄能吸引消费者注意。艺术图片摄影方式比较独特，非常抓眼球，可以用于企业商业海报、农业展会招贴等的拍摄。将照片背景设为黑色，给人以神秘感。

图 5-7　农产品细节

四、拍摄角度与景别

在拍摄农产品时，从多个角度拍摄更能体现商品的全貌，给买家全貌的展示。常用的拍摄方位有正面拍摄、侧面拍摄与背面拍摄。常用拍摄角度有平视、仰视与俯视。

为了更好地表现商品，可以选择不同的景别来拍摄农产品。景别是指摄影机与拍摄对象之间距离的远近，而造成画面上形象大小不同。景别的划分没有严格的界限，一般分为远景、全景、中景、近景和特写（图 5-8）。

远景是指摄像机远距离地拍摄事物。镜头离拍摄对象比较远，画面开阔。

全景是指拍摄物体的全貌，或者物体的全身，这种景别在主图中应用较多，用于表现农产品的整体造型。

中景能够将对象的大概外形展示出来，又在一定程度上显示了细节，是突出主题的常见景别。

近景是指拍摄物体的局部，能很好地表现拍摄对象的特征、

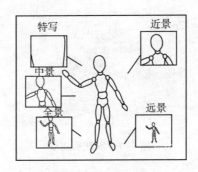

图 5-8 人物景别

细节。

特写用于表现拍摄对象的细节，这是主图拍摄必用的景别。特写能很好地表现农产品的质量、特征等细节。

五、拍摄手法

在我们拍摄短视频时，不能把相机放在一个固定地方形成一个固定机位。而需要相机不停地运动，使观众在看的时候有身临其境的感觉。镜头是会说话的，有时很兴奋，有时很沉默，有时欣喜若狂，有时悲伤不已。这些都需要通过镜头的运动表达出来，而运镜，是一种通过让镜头晃动、运动以配合音乐节点，制造出动感画面的拍摄手法。以下是几种常用的运镜技巧。

1. 推镜头

推镜头是一个从远到近的构图变化，在被拍对象位置不变的情况下，将相机向前缓缓移动或急速推进。

随着摄影机的前推，画面经历了由远景、全景、中景到近景、特写的变化过程。

此种镜头的主要作用是突出主体，使观众的视觉注意力相对集中，视觉感受得到加强，造成一种审视的状态。

2. 拉镜头

拉镜头和推镜头相反，是摄影机逐渐远离拍摄对象，取景范围由小变大，逐渐把陪体或环境纳入画面。

拉镜头往往用来把被摄主体重新纳入一定的环境，提醒观众注意人物所处的环境或者人物与环境之间的关系变化。

3. 摇镜头

摇镜头时摄影机本身不移动，而是借助活动底盘使摄影镜头旋转拍摄。

左右摇常用来介绍大场面，上下直摇又常用来展示高大物体的雄伟、险峻。摇镜头在逐一展示、逐渐扩展景物时，还使观众产生身临其境的感觉。

4. 移镜头

移镜头顾名思义便是要移动摄影机，它往往要借助一定的器械，或者把摄影机扛在肩上才能完成拍摄任务。

移镜头时不管被摄主体是固定不动还是处于运动之中，变化的总是被摄主体的背景，随着镜头的移动，被摄主体的背景在连续的转换中总是变动且充满动感的。

5. 跟镜头

跟镜头始终跟随运动主体，有特别强的穿越空间的感觉，适宜于连续表现人物的动作、表情或细部的变化。

它与移镜头的不同之处只在于：摄影机的拍摄方向与被摄体的运动方向一致或完全相反，且与被摄体保持等距离（一般如此)。

6. 升、降镜头

升、降镜头拍摄是相机借助升降装置等一边升一边降拍摄的方式。

升降运动带来了画面视域的扩展和收缩,通过视点的连续变化形成了多角度、多方位的多构图效果。

升镜头是指镜头向上移动形成俯视拍摄,以显示广阔的空间。

降镜头是指镜头向下移动进行拍摄,多用于拍摄大场面,以营造气势。

六、拍摄制作流程

不同的农产品其拍摄流程不尽相同,拍摄前先准备好拍摄脚本,每个农产品都有其独特的形式,下面介绍一下一般拍摄流程。

拍摄前需要对农产品有一定的认识与了解,包括农产品的特点等。

根据销售目标与农产品特点撰写拍摄脚本。

准备场景与道具。

拍摄。

【练一练】

尝试使用不同景别和运镜手法,拍摄一段农产品的展示视频,时长 20~30 秒,并填写表 5-2。

表 5-2　学习任务评价

序号	评价内容	评分	评分说明
1	能运用多种运镜手法进行拍摄（5分）		运用 3 种以上运镜手法得 5 分，运用 2~3 种得 3 分，运用 1 种得 1 分
2	能运用多种景别进行拍摄（5分）		运用 3 种以上景别得 5 分，运用 2~3 种得 3 分，运用 1 种得 1 分
	总　评		

第四节　剪辑合成

一、剪辑软件介绍

在拍完短视频之后，必不可少的工作就是对视频进行剪辑。剪辑视频可以在电脑和手机上完成。现在能够剪辑视频的软件越来越多，本节简单介绍几款最常用、口碑好的剪辑软件。

1. Adobe Premiere

Premiere 是由 Adobe 公司开发的一款常用的视频编辑软件，深受视频编辑爱好者和专业人士的喜爱，是一款 Windows 系统上必不可少的视频编辑工具。

Premiere 是一款十分专业的软件，功能齐全。它可以实现剪辑，调色，音频调节，添加滤镜、字幕、配音，还可以利用各种插件制作炫酷的特效，使视频看起来更加专业。

但是，Premiere 学习较难，专业度较高，操作难度较大，需要操作者对这款软件的操作十分熟练才能发挥出更好的效果。

2. Final Cut Pro

Final Cut Pro 是苹果公司开发的一款专门为苹果电脑用户打造的专业视频非线性编辑软件。它包含一整套视频编辑工具，支持创新的视频编辑、强大的媒体整理、引人注目的可自定效果、集成的音频编辑、直观的调色功能，能够让用户导入、剪辑并传输单视场和立体视场的 360°全景视频，带给用户非凡的视频创作体验。

很多专业短视频公司和电影公司都使用这款软件，但是这款软件只能在苹果电脑上使用，门槛相对较高。

3. 剪映

剪映是抖音官方推出的一款视频编辑剪辑应用软件，它带有全面的剪辑功能，支持变速、多样滤镜效果，以及丰富的曲库资源。移动端有 IOS 版和 Android 版，PC 端（个人计算机）安装专业版。

剪映是一款非常实用的视频剪辑应用。剪映主要为用户提供视频剪辑功能，满足对视频进行制作需求，而且完全免费，让完全没有视频剪辑基础的用户也可以轻松剪出属于自己的大片。

除了基础的剪辑外，还可以使用"剪同款"剪出非常好看的同款视频。

对于新接触短视频的从业者来说，剪映 App 可以说是最适合的剪辑工具。

剪映 App 可以剪辑 4K 视频，而且还拥有丰富的功能，例如关键帧、添加特效、添加贴纸、套用滤镜、一键配音乐、自行旁白配音、一键识别配音字幕和歌词字幕等。许多电脑剪辑软件能做到的效果，剪映都能做到，而且更加方便快捷。

【练一练】

尝试使用剪映App "剪同款"功能，为农产品剪辑一段15秒的短视频，并填写表5-3。

表5-3 学习任务评价

序号	评价内容	评分	评分说明
1	能使用"剪同款"拍摄视频(4分)		剪辑15秒以上得4分，不够15秒不得分
2	能根据"剪同款"的视频风格进行农产品的拍摄（6分）		与农产品风格匹配，得6分；不匹配，不得分
	总　评		

二、添加视频转场

转场是为了增添两段视频之间衔接的过渡效果。

在视频编辑中，经常出现两段需连接的视频场景不一样的情况。如果直接连接就会显得比较生硬，添加转场后会比较自然，使制作出来的片子更加流畅。

转场分为无技巧转场和技巧转场两类，下面分别进行详细介绍。

1. 无技巧转场

无技巧转场是用镜头自然过渡来连接上下两段内容，主要适用于蒙太奇镜头段落之间的转换和镜头之间的转换。

与情节段落转换时强调的心理隔断性不同，无技巧转换强调视觉的连续性，并不是任何两个镜头之间都可应用无技巧转场方法，运用无技巧转场方法需要注意寻找合理的转换因素和适当的造型因素。常用的无技巧转场方法主要有以下几种。

（1）两极镜头转场。两极镜头转场利用前一个镜头的景别与后一个镜头的景别，两个极端造成巨大反差。例如，上一个镜头是在果园里航拍远景，下一个镜头是苹果特写。两极镜头转场强调对比。

（2）同景别转场。前一个场景结尾的镜头与后一个场景开头的镜头景别相同。例如，前一个镜头展现的是苹果的特写，后一个镜头展现的是梨子的特写。可以看出前一个镜头的景别是特写，那么后一个镜头的景别应同为特写。同景别转场观众注意力集中，场面过渡衔接紧凑。

（3）空镜头转场。空镜头是指一些以刻画人物情绪、心态为目的，只有景物、没有人物的镜头。空镜头转场具有一种明显的间隔效果。空镜头转场渲染气氛，刻画心理，有明显的间离感，另外也为了叙事的需要，表现时间、地点、季节变化等。

（4）封挡镜头转场。封挡是指画面上的运动主体在运动过程中挡死了镜头，使得观众无法从镜头中辨别出被摄物体对象的性质、形状和质地等物理性能。封挡镜头转场达到瞬间转换场景的目的。

（5）特写转场。特写转场是万能镜头，无论前一组镜头的最后一个镜头是什么，后一组镜头都是从特写开始。特写转场可放大重要细节、情绪。

2. 技巧转场

技巧转场是通过电子特技切换台或后期软件中的特技技巧，对两个画面的剪辑来进行特技处理，完成场景转换的方法。一般包括叠化、淡入淡出、翻页、定格、翻转画面和多画屏分切等技巧。下面介绍几种常用的技巧转场。

（1）叠化。叠化指前一个镜头的画面与后一个镜头的画面相叠加。前一个镜头的画面逐渐隐去，后一个镜头的画面逐渐显现的过程。

在电视编辑中，叠化主要有以下几种功能。

①用于时间的转换，表示时间的消逝。

②用于空间的转换，表示空间已发生变化。

③用叠化表现梦境、想象、回忆等插叙、回叙场合。

前一个镜头逐渐模糊直至消失，后一个镜头逐渐清晰，直至完全显现，两个镜头在化入化出的过程中有几秒的重叠，有柔和舒缓的表现效果。镜头质量不佳时，可借助缓叠来冲淡镜头缺陷。

（2）淡入淡出。淡出是指上一段落最后一个镜头的画面逐渐隐去直至黑场。淡入是指下一段落第一个镜头的画面逐渐显现直至正常亮度。实际编辑时，应根据电视片的情节、情绪、节奏的要求来决定。有些影片中淡出与淡入之间还有一段黑场，给人一种间歇感。

（3）空镜头转场。运用空镜头转场的方式在影视作品中可以经常看到，特别是早期的电影中，当某一位英雄人物壮烈牺牲之后，经常接转苍松翠柏、高山大海等空镜头。主要是为了让观众在情绪发展到高潮之后能够回味作品的情节和意境。

（4）定格。将画面运动主体突然变为静止状态。用于强调某一主体的形象，细节；可以制造悬念表达主观感受；强调视觉冲击力，一般用于片尾或较大段落结尾。

三、添加字幕

在我们对短视频进行后期处理时，千万不要忘了添加字幕。添加字幕能方便用户了解内容，让用户对你的短视频增加好感。

那么该怎么添加字幕呢？接下来以剪映 App 为例，详细介绍怎样为短视频添加字幕。

添加字幕分为 3 种形式。

1. 手打字幕

在需要输入字幕的视频节点，点击文本——新建文本，使用键盘输入想表达的字幕即可。

输入完成后可在样式、花字、气泡和动画里对字幕进行美化（图 5-9）。

图 5-9　字幕样式

2. 识别语音字幕

大多数人拍摄视频时都会进行旁白配音，这时可以使用剪映 App 的识别字幕功能，直接识别视频里的旁白配音。在视频编辑页面，点击文本→识别字幕→开始识别，即可快速生成字幕。但是目前只能识别普通话。

3. 识别歌词字幕

视频拍摄完成进行后期剪辑的过程中，很多用户喜欢添加音乐，并以音乐歌词作为字幕。但因为歌词太多，手动输入较为烦琐又耗费大量时间。剪映 App 有识别歌词的功能，能快速识别音乐歌词。

【练一练】

尝试使用剪映 App，剪辑一段 15 秒的短视频为农产品进行讲解，并利用自动识别字幕功能配上字幕，填写表 5-4。

表 5-4　学习任务评价

序号	评价内容	评分	评分说明
1	能使用剪映 App 拍摄农产品视频（2分）		使用剪映 App 拍摄视频
2	能对视频进行配音讲解（2分）		对农产品进行介绍
3	能使用识别字幕功能（2分）		为配音配上字幕
4	能独立完成全部工作并导出视频（4分）		独立完成拍摄、配音、配字幕并导出视频
	总　评		

四、给视频配音

拍摄短视频时，恰到好处的配音能给视频带来更好的效果，可以一边拍视频一边录制配音，也可以录好配音通过剪辑软件，把视频和配音结合在一起，并配以音乐和字幕，就能得到一支短视频。

下面介绍使用剪映 App 录制配音的方法。

首先把视频导入剪映 App 里，点击音频→录音，按住"按住录音"按钮，进行录制。

建议一段一段录，一次不要录太长，便于剪辑修改。

录完配音后，可利用识别字幕功能，对已录配音添加字幕。

【练一练】

使用剪映 App 录制一段农产品视频，后期加以配音，利用识别字幕功能添加字幕，并添加音乐，导出一个合格的产品介绍视频，填写表 5-5。

表 5-5　学习任务评价

序号	评价内容	评分	评分说明
1	能使用剪映 App 拍摄农产品视频（2 分）		使用剪映 App 拍摄视频
2	能对视频进行配音讲解（2 分）		对农产品进行介绍
3	能使用识别字幕功能（2 分）		为配音配上字幕
4	能为视频配上背景音乐（2 分）		为视频配上背景音乐，并且音量适中
5	能独立完成全部工作并导出视频（2 分）		独立完成拍摄、配音、配乐、配字幕并导出视频
	总评		

第五节 变现方式

一、短视频账号对变现的影响

短视频账号视频的呈现方式大致分为两种：无真人出镜和真人出镜。

无真人出镜的账号大多数是做影视剪辑、音乐分享、视频搬运等。这类型的账号涨粉速度很快，但是变现较难，因为这类型的账号没有明显的个人IP（个人IP指个人对某种成果的占有权，在互联网时代，它可以指一个符号、一种价值观、一个共同特征的群体、一部自带流量的内容）。

而真人出镜的账号，每期视频会有一个固定的主角或一个主角和几个固定配角。这些人经常出现在视频里，很好地打造了属于他们的个人IP，使用户能记住他们。长时间的观看会慢慢产生信任感。相比无真人出镜，这种方式变现要简单一些。

在做短视频账号的时候要注意，尽量以真人出镜方式拍摄视频，不仅能从一开始就让用户记住你，而且还能为以后的变现奠定基础。

二、短视频的变现方式

做短视频的最终目的就是变现，而变现一直是困扰许多短视频从业者的核心问题。因为账号类型不同，变现的难易程度不同。即使许多平台都为抢夺优质的短视频创作者而制定许多补贴政策，但是始终无法使短视频团队产生足够的利润以支持团队的正常运营，所以很多短视频团队会通过接广告、电商带货等方式进行变现。

不同类型账号有不同的变现方式。短视频的变现模式主要分为三大类：直接变现、间接变现和特色盈利。

1. 直接变现

直接变现方式是流量补贴、广告植入和电商带货。

（1）流量补贴。视频平台为了吸引更多优质的短视频创作者入驻，推出各种激励政策，其中最直接的就是播放量变现。

当短视频账号成为原创作者，内容足够细分垂直且质量高，根据播放量表现，短视频创作者可获得平台奖励分成。如今日头条、西瓜视频这类平台，当短视频制作者加入创作者计划后，将默认开通"视频广告收益"的权限，无须实名认证即可获取创作收益。

（2）广告植入。随着短视频发展，越来越多企业和个人商家从传统硬广告转向有创意的软植入广告。他们需要寻找与产品有关联的短视频创作者进行合作，把产品创意植入短视频拍摄中，以不同的变现方式将广告和内容结合，从而为产品进行宣传。

（3）电商带货。许多商家深知短视频发展势头日益壮大，都希望在短视频领域提高自家产品知名度，在市场中占得一席之地。他们通常会直接在短视频内简短粗暴地介绍产品功能性、材质、用法等，并给予足够的利益点，引导短视频用户点击视频中购物车进行购买。

2. 间接变现

短视频的间接变现模式多种多样，主要有专业付费、课程培训、内容合作盈利。

（1）专业付费。专业付费主要体现在专业性较强的短视频账号。如科普法律知识的账号通过短视频引流到其他社交软件，针对用户所需解决的法律问题进行变现。

（2）课程培训。课程培训是在短视频平台分享专业性较强的课程培训类账号的变现模式。这类账号更新的视频类型都是专业性较强的知识，如画画、乐器、考试培训等。这类账号个人资料页通常会附上联系方式，将短视频平台粉丝引流至社交软件，收费开班进行培训。

（3）内容合作盈利。内容合作盈利需要短视频领域十分垂直的账号。与商家签订合作合同，收取服务费等费用，为商家销售商品或到店消费为商家给出正面评价。例如扶贫达人帮扶贫困地区农产品，在短视频平台进行农产品销售；吃货达人去某美食店进行探店拍摄等。

3. 特色盈利

利用短视频的个人IP打造特色盈利模式，这类盈利模式相对较宽泛，很多行业都适用。例如粤菜师傅拍摄酒楼工作视频，教授每款菜式如何进行烹饪，通过视频的传播收徒弟，收取一定费用进行厨艺培训；农家乐农场主拍摄农场里农家乐活动视频，定位农场位置，上传短视频平台，进行用户预约等。

总而言之，不同类型的短视频账号，变现的渠道和模式都不一样。最重要的是找到自身的优势，并把优势放大，形成闪光点，让人足以信服，成为某领域的KOL，从而实现盈利。

【练一练】

尝试结合自身优势，选择适合自己的短视频账号的变现模式，并简单写出变现方案，填写表5-6。

表5-6 学习任务评价

序号	评价内容	评分	评分说明
1	能为账号进行变现定位（4分）		
2	能为账号制订详细变现计划（6分）		
	总　评		

第六章　农产品直播带货流程

直播带货是通过新媒体平台，使用直播技术进行商品线上展示、咨询答疑、导购销售的新型服务方式。在这个互联网迅速发展的时代，直播带货变得越来越普及，越来越受欢迎。与传统的电商卖货相比，直播带货更为直观，让消费者对产品有更深层次的了解，从而增强下单的欲望。本章将带大家学习直播带货，完成从直播小白到直播熟手的蜕变。

第一节　团队组建

一、直播团队岗位组建方式

现在的直播圈都在强调团队作用，然而在大多数商家直播中，仍有不少是单兵作战的，单兵作战的直播存在许多不足。如果想要做好直播带货，搭建一个团队进行直播是很有必要的，一场好的直播需要至少3个人同时进行，分工明确不仅能提升效率，还能让正常直播进行得更加顺畅。

直播团队的组建一般分为3种形式：自建直播团队、租用主播和直播代运营。

1. 自建直播团队

如果你是货源方，有自己的供应链，建议自建直播团队。

自建直播团队有可控性强、风险低的优势，自建直播团队选择的主播最好能够拥有自主学习能力，能不断优化直播效果和提升自身能力。并且给予合适的关键绩效指标（Key Rerformance Indicatior，KPI）考核，有奖有惩，让主播感觉到付出和收入成正比。这样能很好地保证主播的低流失率。

2. 租用主播

租用主播是目前相对常见的形式。主要是商家找一些多频道网络（Multi-Channel Network，MCN）机构帮忙推荐主播，或直接找某些个人主播进行合作。

租用主播有方便、节省直播团队搭建成本、见效快等优势。当然劣势也非常明显，如转化风险高、效果不稳定等。

在主播的选择方面，商家需要深入研究主播的粉丝画像和产品目标用户匹配度。例如商家卖水果农产品，这时需要看看主播粉丝画像的兴趣点和主播是否经常在直播中销售农产品，并且看一下主播的往期回放、在线人均观看量、场均销量等数据，综合以上内容来确定主播与商品匹配度。

目前市场上租用主播有 3 种合作模式。

（1）专场直播。主播为合作商家做专场直播，直播期间只有合作商家的产品，专场合作费用由几千元至几十万元不等。

（2）坑位费+佣金。拥有一定粉丝量和带货量的腰部主播（输出内容更加精准，黏性高，与粉丝互动维护得较好）通常会采用这种合作模式。

（3）纯佣金。纯佣金收费模式为销售商品后，收取商品交易价格 10%～30%作为佣金。在用户购买并确认收货后才会收到佣金。由于坑位费+佣金的合作模式无法达到预期销售效果，很多第三方直播团队在收取坑位费后，有时会指责合作厂家定价过高、产品性价比不高或没有大量赠品等，导致许多商家不愿意给坑位费，于是越来越多的 MCN 机构推出纯佣金合作模式。

如果是租用主播或者主播团队，日后会面临着转化风险和高成本。而且租借主播是第一次接触商家的商品，并不会对产品了解十分透彻，这会导致产品重要卖点和痛点的介绍缺失。而产品的卖点和痛点介绍，往往是能够导致用户下单转化的关键。

3. 直播代运营

代运营是 3 种方法中最省力的一种，但缺点也很明显，与租借主播相比，还多出可控性差、数据的可靠性不高等缺点。如果想要尝试这种模式，建议尽量让有找过代运营的朋友介绍或者找业内口碑好且优质的代运营方。

综合 3 种直播团队的组建形式，最推荐自建团队。自建团队相对可控，并且省去很多时间和沟通成本。

二、直播团队的岗位制定

做好一场直播不是靠主播一个人就能完成的，随着电商直播带货越来越火爆，前景越来越好，想更好地利用直播变现，一个完整高效的直播团队非常重要。那么，前期打造一个完整的直播团队时，有哪些岗位是必须要有的呢？

目前市面上的直播运营团队，标配的岗位有主播、助理、场控、策划、选品、数据 6 个。但是在前期组建直播团队时，由于缺乏资金或人员等，我们可以把其中一些岗位进行合并。例如主播和场控合并，策划和选品合并。这样的话，我们前期只需要 3 个岗位，它们分别是主播、助理和运营。

1. 主播

主播是一场直播中最核心的岗位。不仅要在开播前把整场直播的节奏、产品卖点痛点、脚本、流程、整场直播利益点等最大程度地进行熟悉，还要在直播中负责控场带节奏、粉丝互动活动介绍、测评等。

在直播进行的过程中，主播需要主动去调动粉丝的情绪，引导粉丝多评论，多点赞以确保直播间的热度。此外，主播还要做好粉丝的问题解答和粉丝之间的互动，主动向粉丝提供产品信息并引导粉丝购买，引导新粉的关注，并且要时刻注意打造个人 IP，提高粉丝黏性，定期可在直播间内给粉丝发放福利。

综上所述，主播工作有以下几项。

（1）直播前期准备。最大程度熟悉脚本、商品卖点痛点、利益点等关键点，把握直播节奏和粉丝互动。

（2）直播中期互动。引导新粉关注、调动直播间粉丝情绪，及时解决粉丝答疑，主动引导粉丝购买。

（3）直播后期维护。打造个人 IP，提高粉丝黏性，定期给活跃粉丝发放福利。

2. 助理

直播助理比较偏向辅助性，主要负责确认开播前商品和道具是否准备就位，开播的过程中需要配合场控进行正常直播的协调。对直播间中主播看不到，且相对重要的弹幕进行报幕。在主播直播中给主播传递所需的商品或道具，偶尔需要客串副播与主播互动，进行互动答疑、宝贝讲解，以及货品整理等工作。

很多时候，助理可作为副播进行培养。综上所述，助理工作有以下几项。

（1）开播前准备。确定直播所需商品和道具准备就位、直播设备检查。

（2）直播中配合。重要弹幕报幕、传递商品和道具、直播间商品整理。

（3）直播辅助。协助主播进行粉丝的问题答疑、控场、活跃直播间氛围。

3. 运营

（1）在一场直播前，直播运营首先要按照主播的个人IP，和主播共同策划一场直播。确定直播的主题和内容，并且根据主题对商品进行选品和排款。确定直播的利益点，规划预热和开播时间，明确开播前、开播中的流量来源，以及直播玩法等。

除此之外，直播运营还需要做好团队的协调工作，其中包括直播预热、海报制作和预热视频拍摄分工、商品库存确认、直播抽奖礼品准备等。

（2）在直播中，要负责直播后台所有相关操作，包括直播推送、公告、上架宝贝、流量引导等，还要进行包括实时在线人数峰值、商品点击率等数据监测。

（3）复盘，每场直播结束后，必须和主播、助理等其他工作人员开复盘会议。根据人员配合、场中有无异常情况加上直播数据的反馈，针对前期制订的方案和目标进行详细的数据复盘，给出一个合理的总结和建议。确保下一场直播不再出现相同的错误，并制订更好的方案和计划。

运营往往承担更多的工作和负责更多的任务，综上所述，运营工作有以下几项。

①直播前准备。策划直播、确定直播主题和内容、选品排款。

②直播中工作。直播间流量引导、上架宝贝、监控数据。

③直播后工作。播后复盘、总结失误、制订下场方案和计划。

【练一练】

把自己的学习小组当作直播团队，并对各个岗位直播前、中、后需要做的工作进行介绍。

第二节　活动策划

一、确定直播主题与时间

在开始一场直播之前，我们首先要确定此次直播的主题及目的。明确这场直播是为了吸引新粉丝提升账号知名度，还是为了提高转化率，提高销量。有了目标后，才能制订直播计划。

制订直播计划时，应当深入了解用户需求，深挖用户痛点，明白用户最缺什么，最需要什么。在直播时可以直击用户痛点，引起用户共鸣，激发购买行为。

因此，我们做电商直播方案策划，切忌主观臆断，要从观看者的角度出发更多地为用户考虑，从而使直播策划方案达到更好的效果。

主题确定后，需要确定开播时间。除了确定开播时间、直播时长，还需要知道什么时候开播观看的人更多，主播能够在直播间控场多长时间，直播后要多久做一次活动保持直播间活跃度及新鲜感。综合考虑各方面的因素，然后明确每天或者每周的直播时间和时长（表6-1）。

策划表里展示了关于直播的大部分信息，包括直播主题、项目负责人、直播设备、场地、网络、声音、灯光，以及活动礼品等。

一切直播信息都在策划表里，能让直播团队的工作人员按照策划表准备直播所需要的场地、器材设备等。

表6-1　直播计划

主播昵称	×××
直播时间	2022年4月10日20：00—23：00
直播标题	扶贫助农、大奖相随
直播简介	帮助贫困地区拓宽销路，为大家推荐特色农副产品，以购代捐，精准扶贫
直播利益点	满99元减20元，5元无门槛优惠券，下单送开石榴神器。抽奖礼品：送10颗装农家鸡蛋（50份）
直播目标	带货金额20万元，涨粉2万人

二、填写直播策划表

直播策划表是一场直播的必需品（表6-2、表6-3）。有了策划表，所有工作人员才能有条不紊地进行直播准备。

三、直播人员安排

直播主题选定之后，接下来就是确定直播的人员，包括直播的主播、助理，以及运营等。

　　一场专业的直播绝不是依靠主播一个人。直播间通常会有一名助理配合主播，在评论区引导粉丝加关注、送礼、下单。同时，助理需要对一些重要的弹幕进行报幕，辅助主播介绍产品、捧哏式地讲解活动福利、应对各类未知的突发情况。此外，一场直播还离不开运营对后台的操作。

　　如果是户外直播，还需要运营、主播和助理一同前往直播地点进行踩点。确定直播线路，精准记录每一段路所要花费的时间，为户外直播先做一个简单的流程概要，从而确定直播流程大纲。

表6-2　农产品直播策划表

项目概况	
项目名称：扶贫助农，超值好货	
项目负责人：×××	联系方式：××××××
现场协调人：×××	联系方式：××××××
直播日期：2021年10月1日	直播时间：20：00—23：00（共3小时）
测试日期：2021年9月30日19：30	备注：
平台及直播概况	
机位及数量：固定机位：<u>0</u>个	移动机位：<u>1</u>个
直播用电脑：☑有　　□无	
直播用手机：☑有　　□无	配置/型号：<u>Iphone 11</u>
推流及地址：☑无指定地址　　□有指定地址：＿＿＿	
是否一推多：□是（在下方多项勾选）☑否（在下方单项勾选）	
直播及平台：☑抖音 □一直播 □斗鱼 □虎牙 □花椒 □映客 □其他：＿＿＿	

(续表)

场地概况	
现场地址：××××××××	是否需要转场： □是 否☑
现场面积：1 层约 40 平方米	

网络概况	
宽带运营商：☑电信 □联通 □移动 □ 其他	宽带设备：□无线路由 □网线□随身 Wi-Fi
是否专线：□是 否☑	宽带速度：☑未知 下行 30 000kb/s 上行 5 000kb/s

声音概况		
现场收音设备：☑是 □否	声音输出接口：□卡农 □ □左右立体声道 ☑ 3.5mm 耳麦□	
设备种类：□调音台 ☑无线麦克风（含收发端）□有线麦 克风		设备数量：__1__套

灯光概况	
现场光线程度：□偏暗 □一般 ☑充足	现场灯光设备：☑有 □无 □室外
设备种类：□现场基本光 ☑专用灯光 □其他	备注：

表6-3 抽奖礼品说明

品名	数量（场）	预计金额（元）	总计（元）
10 颗装鸡蛋	50	1 000	1 000
			1 000

四、直播流程大纲

在直播过程中，主播还需要与运营共同确定直播流程大纲（表6-4），确保直播顺利进行。

需要设计多个直播间的活动来提高直播的转化率。在直播过程中，常见的活动有以下几种：定时抽奖送礼物、限时折扣、前××名下单赠送礼品、邀请其他达人共同出镜或连麦等。

确定直播时长后，需要把整个时长分为每一个不同的阶段。例如开播前1分钟或者30分钟，主要用来互动或才艺展示，还是直接上产品？多久送一次福利？多久上一次产品？多久做一次互动？

每一个环节占用多长时间都要做好规划，以免在直播过程中出现产品解说和产品上架时间错乱，错过发放福利的时间导致观众流失等情况。在直播开始后，首先需要对直播间进行暖场，对进入直播间的粉丝进行问候，并且不停介绍本场直播的主题和利益点以确保直播间在线用户的留存。可适当地在开场进行抽奖送礼或者抽取优惠券等。

暖场后开始首款产品的讲解，这里要注意。第一款介绍的产品需要足够吸引眼球，可利用低价折扣、买一送一、前××名下单用户送礼等方式促进用户下单。并让直播间用户产生该直播间产品质量好且实惠的第一主观感受。

在对产品介绍时，不要过于生硬，适当读取直播间评论进行答疑，使直播间用户有互动的感觉。

在2~3款产品介绍完后，直播间用户可能会产生疲劳感，这时需要在直播间内开展抽奖或送福利活动，再一次调动气氛，让沉寂的用户再一次活跃起来。并且在抽奖过程中，透露下一款产品的利益点，使用户产生兴趣。

表6-4　直播流程大纲

主播昵称	×××
直播时间	2021年10月1日20：00—23：00

（续表）

直播标题	扶贫助农、大奖相随				
直播简介	帮助贫困地区拓宽销路，为大家推荐特色农副产品，以购代捐，精准扶贫				
直播利益点	满99元减20元，5元无门槛优惠券，下单送开石榴神器。抽奖礼品：送10颗装农家鸡蛋（50份）				
直播目标	带货金额20万元，涨粉2万人				
时间	节点	展示产品	直播内容	利益点	公告内容
20：00—20：10	暖场	所有产品	欢迎新进直播间的粉丝，不停介绍本场直播主题、利益点、抽奖活动		
20：10—20：30	宝贝讲解	散养土鸡蛋	产品开箱、产品成分、产品功效、试用心得、适合 年龄人群、折扣优惠	关注店铺领3元无门槛券；满129元减10元	预热整点抽奖
20：30—20：40	整点抽奖	10颗装鸡蛋	抽奖方式说明、领奖流程说明、发货说明	实物抽奖	下轮整点抽奖时间
23：00	直播尾声	重复主推款			
23：15	直播结束	表达对下单用户的感谢和粉丝的陪伴	预告下次开播的时间，直播利益点		

在直播中，一旦有用户提及某个产品，一定要迅速做出反应。可简单地对用户感兴趣的产品进行讲解，既可满足用户的需求，又可以为直播间其他用户进行再一次的产品介绍。

直播接近尾声时，千万不能突然结束直播。需要对本场的几款主流款产品进行再一次的简单介绍。

在直播结束前，需要对本场直播下单的用户和直播间的在线粉丝表达感谢，让用户对主播产生好感。并预告下次开播时间，透露下一场直播的利益点。

【练一练】

尝试策划一场农产品直播，并编写直播流程大纲（表6-5）。

表6-5 农产品直播流程大纲

主播昵称					
直播时间					
直播标题					
直播简介					
直播利益点					
直播目标					
时间	节点	展示产品	直播内容	利益点	公告内容

第三节 选品策略

一、直播间选品策略制定

1. 直播间选品的重要性

直播带货是近年来商家最看重的一种流量转化的变现方式。新开的店铺，没有太多的粉丝积累，要想最大化利用直播平台为我们输送的流量，就要确保直播间的成交率和培养消费者的信任度。这就涉及一个重要的环节，直播间选品。好的选品，能够提升粉丝满意度，增加粉丝黏性，为二次传播打下基础。

2. 直播间选品策略

（1）选择与直播主题相关的商品。根据直播定的主题来选品是最稳妥的一种选品方法。切合主题，不跑题，也能精准吸引粉丝关注。如这次直播主题是"中秋地方美食鉴赏"，那直播间里可以多选择一些具有地方特色的美食产品。

（2）选择具有价格优势的商品。在直播间里消费下单的用户，大部分是看中直播间产品物美价廉，比平时线上购买或者线下店铺购买更优惠。所以，尽量选那些价格优惠的产品，让消费者觉得直播间价格确实比平时要便宜。

（3）选择贴近生活、方便实用的商品。观看头部主播的直播，会发现他们常选一些生活日用品。越是贴近生活的产品，消费者越能发现它的用处，需求量也越大。下面是一家直播间的直播选品表（表6-6）。

3. 选品注意事项

（1）有故事的农产品。

（2）有名气的农产品。

（3）品质过硬的农产品。

农产品最好要经过策划和挖掘农产品的故事，通过直播推荐给粉丝，也可以开展产品试吃、试用等活动。

表6-6　直播选品表

产品名	页面价（元/件）	直播间优惠价（元/件）
雪霜巴旦木仁 175g	49	42
原味巴旦木仁 235g	38	35
玫瑰香无籽葡萄干 260g	38	35
独山盐酸菜菜秆 400g	23.8	22.8
独山盐酸菜细叶 400g	29.8	26.8
都匀毛尖 100g	46.8	42.8

二、选品的配置

根据粉丝画像和粉丝的消费习惯进行选品，打造直播间的3种产品。

1. 3种选品款

无论是首次直播还是常规直播，都要选这3款产品来提升直播间的人气和下单量。

（1）引流款。引流款一般都是价格比较低、优惠力度大的产品，直播间选这些产品的目的是吸引更多的粉丝进来，增加直播间的人气和流量。

（2）利润款。直播间有吸引用户、让利的引流款，当然也要有能赚取利润的产品。利润款就是成本比较低、利润空间比较大的产品。当用引流款吸引到足够多的人进入直播间后，就可以利用利润款来收割流量。

（3）爆款、跑量款。爆款就是网络上或者平台上非常受消费者欢迎和喜爱的产品，有的是网红产品。爆款没有引流款那么优惠的价格，也没有利润款那么高的利润，但是因为产品本身的吸引力，它会给直播间带去超高的人气和转化率。

2. 直播间选品的配置

一个直播间里，3 个不同的选品款要怎么配置才是合理的呢？如果每个产品都按照平均量来分配，凸显不出直播间的节奏感，直播间也会显得没有特色，直播间选品配置应尽量遵循 30% 引流款，40% 利润款，30% 爆款、跑量款。

（1）30% 引流款。引流款的价格具有竞争力，非常适合在刚开播和直播间人气达到峰值的时候推。产品最好要遵循"人无我有，人有我优"的规则，消费者的常规必囤货或卖点非常突出的引流款会成为直播间聚集人气和流量的利器。

（2）40% 利润款。利润款是商家转化变现的根基，也是商家通过直播间展示实力、与消费者之间建立信任的基础。

（3）30% 爆款、跑量款。爆款和跑量款是吸引消费者，提高客单价的最好方法。一些网上火爆的产品，还能吸引潜在新顾客，促进直播间第一次交易。

三、直播商品卖点提炼

做好直播选品的准备后，选定了要上直播间的产品，接下来就要将这些直播产品的卖点提炼出来，结合话术在直播间为大家进行讲解。

1. **直播间产品卖点提炼标准**

直播间产品的卖点与店铺主图上的卖点最大的区别在于，主图上的卖点是消费者看完后自行理解的，而直播间的产品卖点是通过主播的展示和介绍，传递给消费者的。后者更为生动，让人印象深刻，卖点提炼的标准也略有不同。

（1）能够满足用户需求。直播间带货就是为了让消费者想要、想买。产品的卖点必须可以勾起消费者的渴望，并且是通过产品展示可感知和可见的，能够满足用户需求。

（2）区别于其他同类产品。直播带货是当下最流行的推广变现的手段，当消费者流连于平台上数不胜数的直播间，看到那么多的同类产品而不知该如何选择时，商家就要想办法让自己的产品与众不同，从同类型的产品中脱颖而出。

2. **直播间产品卖点提炼技巧**

直播间的产品卖点提炼不同于普通的商品卖点提炼，直播间更像是一个场景演练，卖点也要贴合场景才更能打动消费者的心。可以从以下几个方面去提炼。

（1）包装设计。

①外包装。直播间为大家展示产品的时候，消费者第一眼看到的就是外包装。精心设计的外包装，能提起消费者的兴趣，人性化的设计，意味着产品不仅看起来美，用起来也美。尽可能地让用户从视觉、听觉、嗅觉、味觉、触觉，感受到产品的良好形象，从而增强用户对产品的信任感。

②情感包装。将产品与情感相结合。人都是有感情的，很容易

被产品背后的情感打动，从而对产品产生好感。如有的钻戒和珠宝，把产品卖点放在"一生只为一人定制"，将产品与对感情的忠贞结合在一起，让消费者产生共鸣。

（2）品质保证。无论产品如何包装，价格如何优惠，产品的高品质一直都是商家的立足之本。产品很好看，但买回去质量很差，这对消费者来说是不能容忍的，只要一次，就会让消费者对商家和产品失去信心。之所以强调这个因素，是因为对品质的保证在任何时候都必不可少。所以直播产品卖点提炼的时候，一定要将产品的高品质展现出来。

（3）高性价比。除了以上说的外包装、情感包装和产品质量保证之外，直播间还有一个重要卖点就是性价比高。用户为什么会选择在直播间购物？方便又便宜，这也是线上网络购物的最大特点。所以直播产品的卖点也离不开这一点。

（4）产品场景展示。直播间产品的卖点，多数时候都是通过主播展示产品来体现的。所以主播可以在提炼卖点的时候，给消费者一个场景演绎，让他们自觉地把产品带入到生活场景中，体会到产品与众不同的卖点。如农产品的卖点，可以从描述产品的生长环境入手，将产品的制作工艺和场景展现给镜头前的消费者。

第四节　场景搭建

一、直播场地选择

如果是室内直播，则需注意整个直播间的风格要干净、整洁，并根据直播的内容来定位直播间的整体风格，最好切合直播的主题。如果是室外直播，则需要考虑天气、移动网络等因素。天气太热，直播设备可能会发生宕机的风险；下大雨，则会影响直播的效果；移动网络不稳定，则会导致直播卡顿。

直播的场地一般分为室内和室外，室内直播一般为带货类直播，室外直播一般为活动类直播。室内直播对基础硬件要求比较高，相对来说直播的设备需求也会比较大。

1. 室内直播场地

室内直播要选择20~40平方米的独立空间，周边没有太大的噪声污染。室内光线柔和，不适宜有太强的自然光，最好有遮阳的窗帘，才不会影响直播时的灯光效果。

此外，网络对直播也有很大影响，直播间的网络分别为有线网络、无线网络，网络的稳定顺畅才能支持整场直播完整顺利地进行，因此直播前，一定要测试网络的上传速率。

2. 室外直播场地

室外直播的场地一般是人流量比较大的场所，如公园、景区、商场、广场、街边和游乐园等。还有一些户外直播是针对一些活动的现场直播。室外直播的场地属于开放式的，不需要太多灯光布景。室外直播时手机、移动网络和收音则成为需要重点考虑的问题。特别是直播场地的移动网络覆盖，需要直播人员进行反复不断地测试。

二、直播道具挑选

直播中会用到一些辅助产品展示的用具和一些物料，统称为直播道具。直播道具包含3种：直播需展示的产品、周边相关产品和宣传物料。

1. 直播需展示的产品

产品作为直播的主角，在直播过程中起着非常重要的作用，在直播中产品如何展示，从何种角度展示，是否需要产品展示架来辅助，都需要提前计划好。还有一些美食产品类的直播，需要一些道具来进行烹饪展示，也要提前准备。

2. 周边相关产品

直播的时候，可以在直播间摆放与产品相关的其他辅助产品，如宣传海报、印有产品的抱枕、有企业品牌商标的玩偶、扇子或者手持牌等。这些周边产品在直播间里当作粉丝礼物赠送，可以增加直播间人气，起到很好的宣传作用。

3. 宣传物料

直播中的宣传物料涉及范围比较广，如定制的海报、定制的宣传单和直播产品的易拉宝或展架，还有就是直接出现在直播间充当直播背景的 KT 板，或者用电视屏幕播放的产品宣传片。

三、直播设备与直播平台

直播的设备是整场直播顺利、稳定进行的前提。直播前的准备阶段，就是不停地在各直播平台对直播设备反复调试、测试，以求在正式直播的时候，达到最佳状态。

1. 直播设备

直播的主要设备有手机和电脑两种。如果是室内的带货直播，一般较多使用电脑设备。因为相对于手机来说，电脑端更为稳定，而且操作后台上架、发链接等也更为方便。

手机则常常用于户外直播和秀场类直播，因为手机直播相对来说比较简便快捷，操作方便，只需在手机端安装直播软件，随时随地就可以开播。

手机可以便捷移动，减少了直播的一些烦琐准备，提高了直播的效率，但手机受网络信号和电池容量的影响比较大，因此大家可以根据自身的需求去选择合适的直播设备。

除了电脑和手机以外，直播时还需要其他辅助设备来完成直播。

（1）移动电源。用手机不间断地直播 2~3 个小时，对手机的续航和电容量要求比较高。曾发生过直播时，手机电池容量不够，直接关机的情况。因此，为了避免这种极端的情况出现，需要准备移动电源（以小米移动电源为例）（图6-1），最好是一边充电一边直播，保证直播的顺利进行。

图 6-1　移动电源

（2）支架。多数时候，直播的镜头是固定的。这里所说的支架不仅是手机支架，当用手机直播时，还需要有固定手机的防抖云台支架，当用电脑直播连接摄像头时，则需要有固定摄像头机位的直播支架。

当户外直播的时候，主播需要走动，因此需要有防抖功能的固定手机的支架。

室内直播的时候，主播的位置相对固定，因此需要一个固定手机或者摄像镜头的支架。

市面上现在手机支架基本分3种：台面三脚架（图6-2），自带美颜灯的单台手机支架和多台手机支架（图6-3）。

图6-2　台面三脚架

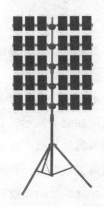

图6-3　多台手机支架

（3）收音话筒。直播时如果只有画面没有声音，或者声音不清晰都会影响粉丝观感。哪怕是在室内直播的安静环境下，直播手机与主播相隔一定距离，也会导致收音的效果不太理想，所以在直播的时候，最好准备专业的收音话筒。

收音设备大致有两种：蓝牙接收的"小蜜蜂"话筒（图6-4）和接线的专业话筒（图6-5）。"小蜜蜂"因为外形小巧，适合夹在衣服上，而且可以连接手机蓝牙收音，所以一般比较适合户外直播；专业的收音话筒因为需要接线，一般用于室内的电脑端直播。

图6-4　蓝牙接收的"小蜜蜂"话筒

（4）直播间补光灯。补光灯一般用于室内直播间，室外因为多为活动直播，不需要进行产品细节展示，且户外的光线足够，不需要补光。而室内直播，因为自然光线不太充足，且需要进行产品细节展示，室内直播时多用前置摄像头，补光就显得尤为重要。

补光灯能将直播间产品展示区的光线补足，让粉丝能更清晰地看到产品。

常见的补光灯有直播美颜灯、球型补光灯、八角补光灯、四角

图6-5 接线的专业话筒

补光灯和顶部射灯。

直播美颜灯可以满足普通的秀场类直播，近距离照亮主播的脸部，让人看起来皮肤白皙。

球形补光灯拥有较好的灯光扩散效果，并且打光不生硬，很柔和。不管是拍短视频还是直播，都非常适用（图6-6）。

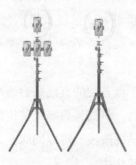

图6-6 球形补光灯

八角补光灯和四角补光灯则可以补足直播的产品展示范围，让直播产品在镜头前显示得更清晰，建议布灯时一个顶位，两个低位。顶部射灯可以小范围地加强照亮，配合其他补光灯，让主播和产品在镜头前没有阴影遮挡（图6-7）。

图6-7　八角补光灯和四角补光灯

2. 直播平台

（1）选择合适的直播平台。根据自身产品的属性和目标粉丝画像，去选择合适的直播平台。目前直播平台分为游戏类直播平台、综合类直播平台、秀场类直播平台、教育类直播平台和商务类直播平台。

农产品直播偏向于商务类的直播平台，所以可以选择淘宝、京东等商务类的直播平台。例如，黄埔扶贫馆的直播首秀就选择在京东平台开播，在初期试播阶段，可以同时在几个不同的平台测试带货效果、粉丝反应和转化率。

（2）测试直播平台。当直播的道具和灯具等都一应俱全，准备妥当之后，就要对直播的平台、直播的软件进行设置和反复测试。

要熟练掌握后台软件操作，避免直播中出现人为失误，同时也要测试平台的直播效果和具体玩法。

在正式开播前，可以设置一个对内的测试直播进行直播练习。设置直播有以下几个步骤：设置直播标题、选择直播品类、屏幕的模式（横屏或竖屏）、设定直播的时间、上传首页封面图、上传直播间封面图。

到正式开播时，为了避免直播审核过程出现问题，建议提前一晚创建直播。设置直播时，除了以上几个步骤外，还要加上直播利益点、预告视频、主播欢迎语和 GIF 动态封面图等。

第五节　话术应用

直播脚本是完成一场直播，给各岗位工作人员的流程指引。直播的话术则是指在直播过程中，主播完成一场直播，在直播间输出的语言技巧。不仅是介绍产品，还包括引流、吸引关注、引导成交等。

一、直播的话术应用技巧

直播的话术应用直接影响整场直播的观看量和成交量，同时也是主播展示其个人魅力、吸粉引流的关键点。话术应用得好，会让粉丝对主播产生信任和好感。直播话术主要分为以下几种。

1. 直播开场话术

直播开场一般都以欢迎话术为主，主播会利用开场的时间来跟粉丝打招呼，聊聊最近的热门话题，拉近距离。一般都会说"欢迎×××来到我的直播间，我是你们的×××"。那怎样的开场话术才能凸显直播间的特别，吸引粉丝留下来观看呢？

话术的关键词是让粉丝觉得备受重视和关注。当有粉丝进来时，主播可以通过点名打招呼的方式来和粉丝互动。在直播进行中，每当有新粉丝进入直播间，都可以点名打招呼，让粉丝觉得被关注、受重视。当粉丝和主播建立了一定的信任度后，可以给粉丝们起一个统一的昵称，让他们有归属感，增加粉丝黏性。如可以叫粉丝为"小星星们""马家军""杨家将"等。

开场除了欢迎话术，还可以穿插强调本次直播的利益点和粉丝福利，吸引观看直播的粉丝们关注，增加直播间停留时长。

2. 关注话术

直播的过程当中，主播要不停地提醒进入直播间的新粉们点击关注。当有用户刷到你的直播间，你要做的就是让他留下来，并且关注你的直播间。不断地积累粉丝，为下一次的直播做准备。

关注话术你可以说：长得那么好看的你，赶紧给我点点关注，我想下次还能看到你；关注主播不迷路，主播带你搜遍农家好货等。

当有粉丝关注了直播间后，要及时对关注的粉丝们表达感谢和欢迎。

3. 互动话术

直播当中，与粉丝有效热烈的互动能够提升直播间的热度，也能吸引更多的人关注、停留和下单。直播间最怕的就是冷场，主播说一句话，评论区里没有回应，那就非常尴尬了。

所以直播间的互动话术尤为重要，技巧点就是提高粉丝的参与度，多提问，把话语权适当交给粉丝。

如关于一些抽奖环节的设定，主播可以适当征询粉丝的意见：你们觉得这样好不好呢？你们觉得是截屏抽奖好，还是系统抽奖好？

或者当有人在直播间提问时，你可以假装回答得不好，然后寻求其他粉丝的帮助，让粉丝来替你回答，并给予适当的奖励。有人问：这款来自贵州的花生好不好吃啊，会不会上火？你可以在直播间请其他的小伙伴帮忙回答。

结合产品，适当地聊一下主播遇到的糗事。主播在直播间给人感觉光鲜亮丽，当主播主动跟粉丝聊一些无伤大雅的糗事时，可以瞬间拉近与粉丝的距离，让粉丝产生共鸣。

4. 直播产品介绍话术

直播带货的重点还是产品介绍，但如何让产品介绍的话术打动直播间的粉丝？首先主播对自己的定位不要是一个销售者，在面对粉丝的时候，主播就是一个资深专业的、有使用经历的分享者。要以朋友的身份去分享这些好物。

（1）比价格优势。要让直播间的粉丝知道，同类农产品中，我们的不仅品质好，价格还是最优惠的。在直播间购买比市面上要便宜很多，错过了直播间优惠，就是一种损失。

（2）描述产品时不要局限于"好吃""好看"这些普通词汇，可以用更有创意的说法。

（3）介绍产品时，给粉丝构建一个场景，引起粉丝购买的欲望。

5. 追单话术

当直播间一款产品介绍完了以后，主播要做的就是引导用户下单，促使成交。如果有的用户在准备下单的前几秒有所犹豫，主播需要利用直播话术技巧来进行追单，减少顾客流失的概率。

主播可以通过优惠力度吸引消费者，强调这款产品的优惠是直播间的粉丝专享，直播结束就错过了，或者用倒数下架的方式，让粉丝产生紧迫感，害怕错过这款产品而选择下单。

二、直播脚本的编写

写脚本能够很好地梳理整个直播流程，也可以让每个人找准自己的分工角色。直播脚本分为两种：单品直播脚本和整场直播脚本。

1. 单品直播脚本

单品脚本以表格的形式写下来，重点是将每个产品的卖点和优惠价格清晰写明，直播的卖点和利益点、直播时间、直播主题也都非常清晰地体现在表格上。这样，团队成员在对接的过程中不容易产生疑惑也不会遇到不清晰的地方。

2. 整场直播脚本

整场直播脚本是对整场直播的脚本编写，是对整个直播流程的一个规划和安排，以及重点玩法的策划。整场脚本需要对时长 2~3 小时的直播过程中的每一个时间点做出具体说明，让整个团队和主播都能按照既定的计划完成直播。

三、策划直播互动玩法

直播间是否有趣，能否吸引粉丝在直播间长时间停留，提升转化率，很大一部分取决于直播间的互动玩法。

与传统的广告和电视相比，网络直播更具参与感。粉丝可以通过弹幕随时随地与主播互动、与其他粉丝讨论。直播间要设定哪些玩法才能更好地活跃气氛呢？

　　1. 直播间抢红包

　　派发红包是直播中最常见的一种互动玩法，能在短时间内很快地调动粉丝观看直播互动的热情，因此，可以在直播中按时间段设定几轮抢红包活动，吸引粉丝继续观看直播。

　　2. 弹幕评论互动

　　为了不让直播间冷场，主播需要不时地和直播间的粉丝进行弹幕互动、聊天，以增加粉丝在直播间的停留时长，或者可以在直播间发起任务，让粉丝们在直播间点赞，点赞每满 5 000 个就可以进行一轮产品抽奖或派发红包，让直播间的氛围热闹起来。

　　除了抽奖，主播还可以和粉丝们聊聊最近的热门话题，让大家说说自己的看法。或者主播可以讲述一个遇到的问题，不知道怎么解决，征询粉丝的意见。宗旨就是要让直播间保持热度。

　　3. 玩游戏有奖竞猜

　　直播间介绍完产品后可以穿插一些游戏互动，如可以进行盲盒抽奖互动。在直播间里播放一些歌曲的前奏旋律，让粉丝们猜歌名或者猜歌手的名字，或者播放上一句，让粉丝接下一句。最先猜出来的人可以获得一次盲盒抽奖的机会。盲盒里的奖品，可以不提前告诉粉丝，保持神秘感。这种有趣的游戏互动，也能很好地调节直播间的气氛。

　　4. 产品知识问答

　　直播中出现的行业和产品知识讲解，可以在产品介绍完后，与粉丝进行互动问答，答案就在刚才的产品介绍中，答对的粉丝，可以获得精美小礼物或者赠送店铺优惠券。这种产品知识问答,可以帮助直播间的粉丝更好地了解产品详情,还可以塑造主播的专业形象,增加用户对产品和品牌的信任度。

5. 礼物打赏

直播间的互动,不仅指主播发起的活动,也包括粉丝对主播的回馈。如在直播过程中,粉丝为了表达对主播的喜爱,为主播刷礼物或者打赏。这个时候,主播就要说出粉丝的昵称,并真心地表达感谢。这样可以给粉丝留下一个礼貌、感恩的形象,同时也能将直播间的气氛推向高潮。

四、直播间节奏把控

1. 直播间节奏的作用

网络直播和以前电视上的录播不同,直播会将整个直播过程完整无死角地展现在观众面前。很多细节在网络面前会被放大,因此任何瑕疵都会被诟病,如果想让整个直播按照团队策划的流程顺利进行,主播在直播的时候,就要按照既定的节奏去进行每一个环节,不能被任何事情或者直播间的粉丝打乱节奏。

顺畅紧凑的直播间节奏也会提升粉丝观看率和关注量。

2. 如何把控直播间节奏

直播间的节奏把控主要分为3个部分:直播前、直播中和直播结尾。

(1)直播前。直播前10分钟,主要用来与粉丝互动、暖场、打招呼,介绍本场直播的品牌和优惠利益点,并对关注的粉丝表达感谢。

如果已经开播,主播还在和旁边的人聊天、整理头发、补妆、调试镜头、整理产品，那么当粉丝刷进直播间的时候，会给人一种非常不专业和不被尊重的感觉。一般粉丝也会立即滑走，不作停留。

（2）直播中。直播进行中，主播要把握时间，进行带货讲解，而这里也要把握好节奏。

①穿插讲解营销重点。主播的个人介绍、本次品牌方介绍、产品介绍和直播背景介绍。引导粉丝关注直播间、关注官方网站和微信。做好现场产品销售推荐、直播间的特惠产品、福利介绍等。邀请直播间粉丝点赞、分享转发直播间。

多和粉丝互动，避免一个人自娱自乐；寻找直播间粉丝感兴趣的话题。如果不顾及粉丝的感受，只顾自己讲得开心的主播是不会受直播间粉丝欢迎的。

②把握节奏，避免外界干扰。主播在直播的时候，要关注弹幕与粉丝互动，但整体节奏还是由主播把控，千万不能因为花过多时间与粉丝互动而拖长了直播时间，或者因为与粉丝争论，偏离了直播重点。

（3）直播结尾。直播快要结束的时候，主播要利用最后的时间完成销售转化。将直播间粉丝流量引导至销售平台，如官网或网店，由专门的客服引导其下单。并且还要引导粉丝关注自媒体账号，为之后的直播转化做准备。

最后可以用互动聊天的方式或者直播抽奖的方式做结尾。下播前5~10分钟告知粉丝下播时间，再预告下次直播的时间与优惠，最后与粉丝们互道再见并对守候到最后的粉丝表达感谢。

第六节　引流与推广

一、直播推广计划拟定

一场直播完成后，直播团队的工作并没有完全结束。一场完整的直播除了前期的策划与筹备、直播场地和设备的准备、直播中脚本话术的策划外，还包括直播后的推广传播。当主播下播后，整个主播团队的工作还要继续，要在各自媒体平台，如微博、微信、知乎和短视频平台抖音、西瓜视频等继续做宣传推广。

1. 直播推广计划制订

推广计划包括 3 个部分：确定推广目标、选择推广形式和选择传播平台。

直播要制定直播目标，直播推广也要确定一个推广效果目标，有了目标，后期的直播推广才能有一个衡量标准，才能达到预期的目的。

直播的目标确定一般为提升直播的二次传播影响力，提升品牌的知名度，提升产品的销量和转化率。

2. 推广的形式

目标制定以后，就要选择推广的形式，采用不同形式去将直播的素材传播出去。推广形式可以是短视频、推文+图片、制作动图表情包等，这 3 种形式可以单独发送推广，也可以组合发送推广，如在推文里加入短视频和动图表情包。

3. 选择传播平台

制作好了传播的素材后，就要开始选择合适的传播平台去发送这些素材。视频类的素材可以发送到抖音、快手、西瓜视频，推文+图片类的素材可以发送到微博、微信公众号、知乎、今日头条自媒体平台或者一些论坛等平台。当然，视频素材可以结合推文+图片，发送到自媒体平台。

按照以上 3 个步骤制定好直播推广的思路后，直播团队成员就可以按照各自的分工去做细分，同时可以着手去制作直播推广的素材了。

二、直播推广海报与视频制作

1. 直播推广素材的作用

直播前为了吸引更多的粉丝进入直播间，让直播的效果达到最优，直播团队会制作好直播的海报，发送到新媒体社群和自媒体平台做推广。

直播进行中，直播团队会抓拍整个直播过程中精彩的瞬间和产品介绍部分，并在直播结束后，制作成短视频素材，发送到短视频平台，做二次传播和发酵，为下次直播做准备。

2. 直播推广素材的制作

直播推广的素材分为海报和视频两种。一般情况下，海报是在直播前被发送到社群和各自媒体平台进行直播预热。

每场直播中，直播团队要专门抓拍直播的过程，或者根据平台的特点，进行录播或者直播回放的剪辑。这里的视频推广也包含 4 个重要步骤：确定视频剪辑思路、制作视频、上传视频和视频推广。

（1）可以根据平台的特点确定视频剪辑的思路。有的平台有直播回放功能，则可以进行片段截图；有些直播平台没有直播回放功能，则可以提前采取全程录播的形式来记录。全程录播下来的视频，再从中选取浓缩摘要，进行视频创作。

（2）活动类的直播视频，可以将其中的精华浓缩剪辑，再配上字幕或者旁白讲解，将一场活动精简成短视频。直播带货类的视频剪辑，可以选取其中有趣的产品介绍等，配上字幕和音乐。

（3）制作完视频以后，选择合适的平台进行上传。上传前，要了解清楚各网站对于视频的规格要求和一些上传限制，避免出现因不符合规定而无法上传的情况。

（4）上传完视频之后，为了提升视频的浏览量，让精心制作的视频不至于白费，直播团队还需要进行相应的推广。

根据不同的平台规则，熟练掌握各平台的玩法。为了让更多的人能搜索到该视频，可以在视频中加入一些关键词文案，或者参与话题等。

如抖音平台，对于短视频的质量要求比较高，因此直播团队平时也要做好平台的运营和账号 IP 的搭建打造。

除了视频平台自身的流量推荐外，直播团队还可以利用一些自媒体平台做宣传推广，通过微博、微信公众号等平台，让更多的粉丝了解直播的内容。

三、引流平台的选择

1. 选择引流平台的原则

选择引流的平台，需要考虑受众粉丝人群与所要推广的素材是否相匹配。精准针对粉丝人群投放宣传引流素材。

引流平台的互动玩法是否符合素材的调性。推文海报类的素材，要发送至文字内容输出为主的平台；而视频类素材，则要发送至以视频运营为主的平台。

2. 引流平台的选择

直播海报或者软文类的素材，可以选择发送到微博、微信公众号、社群、朋友圈等平台进行引流推广。

剪辑的视频素材则可以选择短视频平台，如抖音、快手、西瓜视频等，如果直播团队在短视频平台也有注册账号运营，那直播推广视频则可以成为平时短视频的素材。除短视频平台以外，还可以上传至优酷、哔哩哔哩、爱奇艺、土豆网、搜狐视频等视频网站上。

四、直播视频剪辑与传播

1. 直播视频剪辑

直播的素材剪辑主要在手机端和 PC 电脑端进行。手机端可以用剪映、美拍、Videoleap、巧影等手机剪辑 App。PC 电脑端的直播素材剪辑，可以用爱剪辑、会声会影、Premiere、AE、VEGAS 和 EDIUSO 为直播视频素材配上字幕、音效和旁白，制作出精美有趣的直播切片，上传至各平台，作为直播后的直播引流推广。

2. 直播视频的传播

制作完直播视频素材后，可以上传至各视频网站和短视频平台。为了让这些精心准备的素材发挥最大的作用，直播团队还需要做传播推广。

如很多短视频平台都有特定的玩法与规则。以抖音平台为例，可以做以下传播。

（1）短视频信息流。在直播推广前，提前运营平台账号，定位好 IP 人设，多发几个短视频，经过一段时间的养号吸粉后再做直播视频的传播推广。

（2）个人主页昵称预告。可以在个人主页和昵称账号简介处，注明每天开播的时间和直播的内容，让粉丝养成定期观看直播的习惯。

（3）自媒体平台协同推广。微信社群、朋友圈、微博、公众号、小红书等自媒体平台同时发布直播视频的推广素材，拓宽推广的渠道。

第七节　复盘总结

一、直播复盘思路

直播完成后，直播团队的工作并没有结束。整个团队成员要对这次的直播做一个全面总结，称为"复盘"。复盘的主要目的是找出直播中的问题，撤出改进，从而不断提升直播的质量和提升营销效果。

直播复盘一定要及时，趁热打铁才能及时发现直播中的细节问题，主播下播后，要马上和直播团队进行复盘总结。根据直播前制定的目标，来判定这场直播是否达到了预期的目标。分析直播中的各环节，将做得比较好的地方记录下来，应用到下次直播。对于没有达到预期目标的部分，直播团队要总结失误的原因和改进的方法，避免在下次直播中再次发生同样的问题。

直播复盘的核心包括两个方面：直播数据分析和经验总结。其中数据分析可以通过平台数据来总结分析，经验总结则是团队各成员对直播的整个过程进行分析总结。

1. 数据分析

一场直播是否达到了预期的目标，通过分析直播的数据来看效果是最直观的。销售数据是直播中大家比较关注的点，直播前制定的销售目标，直播结束后通过销售数据进行对比，就能清楚知道直播是否实现了销售目标，完成了指标。

品牌口碑是直播中通过不断的产品展示，品牌背书而给粉丝传递的品牌效应和产品理念，让粉丝对品牌和产品产生兴趣，从而促进转化。

引流效果是要看直播前的宣传和直播后的营销有没有精准吸引粉丝进入直播间。

2. 经验总结

数据分析可以直观看到直播的效果，而经验总结则是对直播的流程、团队人员之间的配合、设备道具的准备、主播的话术台词等无法通过数据看出来的环节进行讨论总结，为下一次直播做好准备。

二、直播数据分析

从效果上来看，直播的数据包括了销售数据、品牌口碑提升和引流效果数据。这些数据分析可以借助一些平台来搜集获取。

1. 销售数据分析

每场直播结束后，直播团队都可以通过直播平台的后台来查看销售量数据。如直播中通过直播间跳转到店铺下单的数量是否相较于平时有增加；直播当天的店铺浏览人数与平时相比是否有提升。一场有效的直播，在直播中和直播后的二次传播期间，这些数据都会有明显的提升。

通过对这些数据的分析，也可以看出店铺的页面设置是否合理。通过直播间跳转至店铺的人数很多，但平均浏览时长和下单量却很少，则有可能是因为店铺的页面设置不够吸引粉丝。

除了销售数据外，还可以看直播当天的用户咨询数量。如果直播的时间段，客服的咨询数量激增，说明直播间的环节设置和产品介绍起到了效果。

2. 品牌口碑提升

直播带货是很好的品牌推广途径，直播间展示了产品的核心卖点与特色，让粉丝更好地去了解产品和品牌。直播结束后，可以通过一些口碑分析平台去检验本次直播的品牌推广效果。

（1）微信指数。微信官方提供的包括公众号推文和朋友圈转发的文章，可以客观反馈产品或者品牌的口碑数据情况。

通过手机在微信上方窗口搜索"微信指数"便可以进入搜索页面。在微信搜索企业或产品名称，就可以查询到相关数据指数。

（2）百度热度指数。百度平台根据平台网络用户的行为数据而设立的数据分析平台，通过这个平台可以看到关键词搜索、网络用户的搜索需求和兴趣等。

百度指数主要体现网民的搜索数据，如果一场直播结束后，通过百度指数搜索发现品牌的搜索指数大幅上涨，说明这一次的直播中，对品牌的宣传是有效果的。反之，则是没有起到什么效果。

（3）新浪微指数。要看最近什么事件有热度，可以看新浪的热点搜索。新浪微指数基于微博用户的搜索数据行为，展示了网络用户对于某件事或某个品牌的讨论热度。一场直播结束以后，直播的切片视频等二次传播，有没有让品牌在网络上引起一波热烈的讨论，如果有，说明直播间的品牌推广起到了效果。

3. 引流效果数据

直播的效果如何，除了要看销售数据和品牌口碑之外，还要关注直播的引流效果，有没有精准地吸引目标用户进入直播间。如果引流来的用户不是目标受众，那么人数再多也无法变现，要精准营销，才能提升直播的后期转化和变现。

引流效果数据可以从页面浏览数据和问卷调查数据两个方面来衡量。页面浏览数据是每个店铺页面都具有的功能，可以通过查看页面浏览时长来分析，用户如果进入店铺浏览不过 3 秒就退出，那说明对产品不感兴趣。进入页面后浏览时长超过 10 秒，并且还翻看了其他页面，说明用户对产品还是有兴趣的，这类用户也是我们需要的目标受众。

问卷调查数据是在试播结束后，直播团队借助问卷调查工具，设置一些与直播和产品相关的问题，发送到粉丝社群里面，了解粉丝对直播的意见和建议。直播中哪个环节最受欢迎，哪个产品最受追捧，都可以通过问卷调查来获取粉丝的真实反馈。

三、直播经验总结

直播的数据分析只能客观反映直播的效果和品牌推广的成效，但直播过程中一些无法通过数据了解的环节，则需要直播团队通过头脑风暴和讨论进行经验总结与汇总，这属于人的主观认知行为和团队合作。

直播的经验总结，可以从以下 5 个方面来进行。

1. 直播中的团队合作

团队合作包括个人方面和人与人之间的协作。一个优秀的团队，每个人都应该充分发挥自己的优势和特长。在直播过程中，每个人都应该在最擅长的岗位各司其职。因此直播结束后，每个人应该对这场直播中各自的表现进行总结和打分。除了个人工作能力外，团队协作也是非常重要的，所以每个人要对团队中其他成员的表现进行评估并提出建议，如果这次在某个环节有交接上的问题，那么就要找出原因，找到最佳解决方案，避免下次再发生。

2. 直播设备使用

直播中需要使用到硬件设备和软件设备如果在直播过程中，因为硬件设施而影响了直播的效果，那么就要及时找到解决办法。直播后，手机的电池耐用度、麦的收音效果，以及灯光效果等都要进行复盘总结。软件设备则包括了直播的软件、屏幕的清晰度，这些都会影响直播效果。

3. 直播的环节设置

整个直播中，主播与粉丝的互动是否起到提升直播间热度的效果需要复盘。直播前设定的互动玩法和直播间的优惠是否达到了预期的目标，粉丝在直播间的停留时长，这些都是需要在直播结束后进行系统的归纳总结。如果效果不佳，则需要在下次直播前进行改进。

4. 经验教训

直播过程中的某个环节如果达到了预期的效果，则可作为直播中积累下来的经验，下次直播可以沿用。没有达到预期的效果，甚至是出现了失误影响了直播效果，则需要直播团队总结教训，找出改进办法，避免以后再次发生。

5. 问题方法

在直播中，遇到直播策划时没有考虑到，但通过临场发挥及时解决了的问题，需要记录并在以后的直播中起到指导作用。

主要参考文献

广东省职业技术教研室，2021. 农村电商基础 ［M］. 广州：广东科技出版社.

广东省职业技术教研室，2021. 农村电商新媒体运营 ［M］. 广州：广东科技出版社.

史安静，高黎明，王艳芳，2021. 农产品短视频直播营销［M］. 北京：中国农业科学技术出版社.

史安静，王艳芳，王文合，2018. 农村电商 ［M］. 北京：中国农业大学出版社.